Erika Cedillo González & Paolo Oliani

PELUCCO

Il viaggio della microplastica

Questa è un'opera di fantasia. Nomi, personaggi e avvenimenti narrati, sono frutto dell'immaginazione degli autori o utilizzati in modo fittizio. Qualsiasi riferimento o somiglianza con fatti o persone reali, vive o defunte, è da ritenersi puramente casuale.

Copyright © 2022 Erika Cedillo González & Paolo Oliani
Tutti i diritti riservati
È vietata la copia e la riproduzione dei contenuti e immagini in qualsiasi forma.
È vietata la redistribuzione e la pubblicazione dei contenuti e immagini non autorizzata espressamente dagli autori.
È vietata la riproduzione totale o parziale del libro per la formazione su tecnologie o sistemi di intelligenza artificiale.
L'autore e l'editore non sono responsabili per l'uso improprio del contenuto.

Pelucco Creative Division ®
Sito web: pelucco.com
Contatti: hello@pelucco.com

Illustrazioni di Marina Regali

A tutti i bambini e le bambine
che amano il mare e la natura

"Il vero coraggio è perseguire il tuo sogno, anche quando tutti gli altri dicono che è impossibile."
BARBIE E LE TRE MOSCHETTIERE

PREFAZIONE

Mi congratulo con gli autori per aver scritto questa storia fantasiosa e creativa *Pelucco, il viaggio della microplastica*.

Il racconto dà vita alle fonti e agli impatti delle microplastiche in un modo accessibile e coinvolgente, spiegando come i benefici che gli oggetti di plastica possano portare, siano ormai superati dall'inquinamento che causano. Inquinamento che si verifica lungo la catena di approvvigionamento e che è provocato da azioni umane irresponsabili.

Come sottolinea Pelucco, la star della storia, le azioni collettive di molti, compresi i più piccoli tra noi, possono davvero portare al cambiamento.

Insieme, i nostri sforzi congiunti hanno il potenziale per eliminare l'inquinamento da plastica alla fonte, ma c'è l'urgente necessità di agire.

**Professor Richard Thompson OBE FRS.
Direttore dell'Istituto Marino dell'Università di Plymouth**

PROLOGO
Chi sono?

Ciao, mi chiamo Pelucco. Sono un tipetto simpatico e molto socievole, ma non sono una persona e neanche un animale. Sono qualcosa di speciale, molto speciale, sono una microplastica. Anche se sono molto piccino (starei benissimo nella punta del tuo mignolo), ho una gigantesca missione: aiutare le persone a salvare il mare e tutti gli animali marini, dai piccoli pescetti alle grandi balene.

Sei curioso di sapere come faccio? Lo sarei anch'io! Tuttavia, per adesso posso solo rivelarti che tutto cominciò con un pazzesco viaggio che realizzai senza neanche pianificarlo. Se vuoi sapere tutte le cose che mi sono accadute durante questo viaggio, ti invito a leggere la storia che ti racconto nel libro che ora stringi tra le tue mani.

CAPITOLO 1
La fabbrica tessile

Pum! Quando nacqui neanche me ne accorsi, eppure eccomi qua! Forse dovrei dire che fui creato e non che nacqui, ma la differenza è poca, anch'io sono qui in questo mondo assieme a te.

Tu, caro amico o amica che stai leggendo questa storia, ti stupirai nel sapere che sono nato (o stato creato) in un luogo molto grande, grandissimo, immenso: una fabbrica. O forse no, mi sto sbagliando.

Pelucco

Credo proprio che mi sto sbagliando. Si, la fabbrica è molto grande, ma il mio punto di vista è personale: sono io che sono piccolo, anzi piccolissimo. Ma ti dirò quello che provo: anche se sono fatto di materiale sintetico mi sento così vivo! Tu invece sarai di sicuro nato in una casa o in un luogo chiamato ospedale e poi portato in una cameretta colorata e accogliente al calduccio tra le braccia di mamma e papà. Ehi, no, non dico che dove sono nato fosse freddo, non credo, non lo so: io non sento il freddo e neanche il caldo.

Non ricordo molto della mia infanzia, però so che quando aprii gli occhi ero attaccato alle manine di altri esserini come me, sia da un lato che dall'altro. Sì, proprio così, eravamo come una lunga catena di esserini che correva velocemente da un capo all'altro della fabbrica fino ad arrotolarsi su sé stesso: **facevo parte di un filo di poliestere!** Poi fu di nuovo buio, ero stretto dentro un grosso gomitolo. Ma non preoccuparti per me, stavo bene.

Più tardi, quando incontrai la mia mamma, lei mi

raccontò come fu il processo della mia creazione, ma non te lo racconterò perché non l'ho capito bene neanch'io. Ti posso solo dire che **sono un prodotto derivato dalla lavorazione di un liquido nero e viscoso chiamato petrolio.** Alcune mamme e papà umani molto intelligenti (forse proprio i tuoi genitori) chiamati scienziati, si sono inventati un metodo complesso che mi ha permesso di venire al mondo ed essere qui ora a raccontarti le mie avventure.

L'unica parola che mi ricordo di questo processo è una parola strana, ed è per questo che me la ricordo: testurizzato.

«Cosa dici mamma?»

«Ah ok, è a quello che serve!».

Scusa, la mia mamma dice che quel nome è molto importante perché conferisce a lei, a me e a tutti quelli che formano parte del filo di poliestere, le nostre strepitose caratteristiche. Noi infatti siamo parte di un grande progetto che ci permetterà di diventare un capo di abbigliamento soffice, caldo e piacevole al tatto. Ma non è la sola caratteristica che abbiamo, siamo anche impermeabili, traspiranti, termoregolabili, leggeri, elastici, resistenti agli agenti chimici, alla luce, al fuoco, alle moffe e ai funghi.

«Come mamma? Ah, ho sbagliato! Muffe, non moffe». Già! La mamma mi stava suggerendo tutte quelle parole che non conosco e alla fine mi sono sbagliato.

Comunque sia ben chiaro, non faccio tutto da solo! **Io sono una parte infinitesimale di quel capo di abbigliamento che avrà tutte quelle caratteristiche** quando il filo di cui faccio parte sarà usato per creare un maglione, un giaccone, un pantalone, una sciarpa o qualsiasi altro oggetto che indosserai in futuro e che probabilmente starai indossando anche ora.

Neanche a dirlo, ero lì tranquillo nella parte del filo dov'ero stato creato e raccolto in una matassa, al buio, ma tranquillo, che successe qualcos'altro: mi stavo muovendo. La matassa venne spostata e inserita in uno strano macchinario, che credo di aver capito si chiami orditoio. Purtroppo non vidi questa cosa, ma un amico me la raccontò. Non successe niente per un po' di tempo e aspettai finché non accesero quella macchina. Venni sparato velocissimo dall'altra parte della macchina: stavo nuovamente correndo. Vicino a me altri fili subirono la stessa sorte, da tutte le parti arrivarono fili di pelucchi, che si incrociavano e danzavano: un concerto di piccoli fili di poliestere!

Wow! Alla fine successe qualcosa di miracoloso. Quell'incredibile macchinario aveva creato un maglione, anzi diversi maglioni, e io facevo parte di uno di essi. E fui fortunato: la mia mamma era qui, vicina a me, ma papà era più lontano, con altri amici e alcuni miei fratellini e sorelline. Per fortuna che sono un tipetto simpatico, socievole e anche chiacchierone: con il mio carattere non ebbi alcun problema a fare amicizia con gli altri appena mi si presentò l'occasione.

Non riuscivo però a capire di quale parte del maglione facevo parte. La sorpresa non tardò ad arrivare: qualcuno si avvicinò e prese il maglione. Mi portò in giro per un po' e il maglione passò di mano in mano, fino ad arrivare a una ragazza che lo indossò e dopo essersi mossa all'interno di una stanza, si posizionò davanti a uno specchio.

Pelucco

Che meraviglia, finalmente mi vidi! Che bel maglione: rosso e con la faccina di una renna. Io ero uno di quei pelucchi al centro, molto vicino alla sciarpa della renna.

Eh sì! Stavo proprio bene in quel posto. Ero rosso, di un bel rosso acceso e in una posizione centrale che mi avrebbe permesso di vedere tutto quello che sarebbe successo intorno a me. Se fossi stato dietro, o nei gomiti, mi sarebbe piaciuto meno, avrei partecipato meno, invece la posizione dov'ero mi piaceva molto, si vedeva bene e si ascoltava bene: sarei stato protagonista nella vita di qualcuno.

Ma non finisce qui! La ragazza che aveva indossato il maglione se lo sfilò e lo ripose in un cesto, da quel momento non capii molto di ciò che successe. Non so come, ma mi ritrovai dentro uno strano macchinario che infilò il maglione, ben piegato, dentro una busta di plastica.

Mi agitai subito: «Aiuto, non respiro! Mi manca l'aria!».

Mi sentii chiamare, era la mia mamma: «Pelucco stai calmo, cosa vuol dire che non respiri? Tu non hai i polmoni, non puoi respirare. Non ne hai bisogno, **sei un piccolo filo di poliestere, o come dice il tuo nome sei un pelucco!**».

«Hai ragione mamma, mi ero dimenticato, che sciocco!».

Eh già che sciocchino che sono. Mi era venuta l'ansia quando mi avevano messo dentro la busta di plastica. Scusate, mi sono agitato ripensando a quel momento, ma adesso che sono più tranquillo, posso procedere con la mia storia.

Ero sopra a dei rulli che si muovevano e mi portavano in giro. Davanti a me c'erano altri maglioni e tutti, alla fine di quella pazza corsa, finirono me compreso dentro una scatola di cartone. Riuscii a vedere di sfuggita che fuori dalla scatola c'era attaccata un'etichetta. Cos'era quella misteriosa etichetta? Avevo già visto quel simbolo: in questo grande luogo era attaccato un po' ovunque.

Ero troppo curioso, quindi domandai alla mamma, lei sapeva sempre tutto! «Mamma cos'è quel simbolo che c'è ovunque in giro?».

«È il marchio della fabbrica dove sei nato, quello che in molti paesi chiamano brand».

Pelucco

«Ma tu mamma, come fai a sapere tutte queste cose? A conoscere anche altre lingue? A sapere leggere?».

Prima che la mamma mi rispondesse, il cartone dove eravamo stati riposti venne chiuso con del nastro e rimanemmo al buio. Non avevo paura dell'oscurità, pensai anzi che fosse un buon momento per fare un sonnellino, ma non prima d'ascoltare la risposta di mamma.

«Devi sapere caro il mio Pelucco, che non è la prima volta che sono nata. **Io, prima, facevo parte di un altro maglione.** Dopo molti anni quel capo di abbigliamento si rovinò, ma la ragazza che usava quel maglione era molto responsabile e invece che buttarlo, fece una scelta diversa. Un giorno prese tanti capi d'abbigliamento dal suo armadio, quelli rotti, strappati e che non usava più, li infilò dentro alcune buste e uscì di casa. Dopo una bella camminata arrivò vicino a un negozio e svuotò il tutto dentro a un contenitore. Prima di scivolare al suo interno, vidi che all'esterno c'era un simbolo particolare stampato su quel contenitore: delle frecce verdi che sembrava si inseguissero quasi a formare un cerchio. In pratica,

invece di buttarli via, aveva portato quei capi di abbigliamento in un cassonetto per il riciclo. Attesi solo una notte, e il mattino seguente venne una persona che scaricò il contenuto di quel cassonetto e mise tutto dentro un furgone. Tutti quei sacchetti pieni di indumenti vennero portati in un magazzino dove li controllarono, li selezionarono e li recuperarono. **Invece di buttarmi mi riciclarono, e ora è come se fossi nuovamente rinata e potrò in futuro continuare la mia missione: quella di scaldare un altro amico o amica umana.** Capisci mio piccolo Pelucco? Non è vero che la roba vecchia non serve, anzi, io sono ancora utile, e tutto questo senza sprecare niente! Spero solo stavolta di essere indossata da un bambino o una bambina, l'ultima volta ero un maglione di una signora che lavorava in ufficio...una noia, che monotonia!».

«Che interessante mamma, quante cose sai!». Ero stupito, la mamma sapeva un sacco di cose interessanti. Però, adesso che ci penso, non mi aveva detto come mai sapeva leggere. «Mamma, e leggere, come lo sai? Non me l'hai detto!».

«Hai ragione. Quella signora lavorava in un ufficio

di traduzioni, quindi ho imparato a leggere in diverse lingue. Anche se spesso mi sono annoiata, perché lei traduceva testi al computer e io non riuscivo a vedere perché ero nella parte dietro del maglione, verso la spalla. Riuscivo solo a vedere i cartelli appesi nella parete e i libri della libreria. Stavolta che sono davanti, sono più felice!».

Quando la mamma terminò il suo racconto mi accorsi che c'era molto silenzio, per tutto il giorno c'era stata molta confusione, molto rumore. Credetti che i lavoratori fossero andati tutti a casa, ma sentii persone parlare e mi ricredetti. Non capivo. Perché c'era ancora gente? Perché non andavano a casa dalle loro famiglie?

«Mamma, sei sveglia?».

«Sì Pelucco. Hai bisogno?».

«Volevo sapere perché c'è ancora rumore e perché ci sono ancora dei lavoratori».

«Caro figlio mio, **la fabbrica non si ferma mai.** Le persone che sono qui stanotte non sono le stesse che c'erano durante il giorno. Questa fabbrica, per non fermare mai la produzione, si avvale dei turni

Il viaggio della microplastica

di lavoro».

«Quindi qualcuno lavora di giorno e qualcuno di notte. E noi adesso cosa facciamo?».

«Per ora niente, dobbiamo aspettare. Quando ci saranno abbastanza scatole, le caricheranno e le spediranno in tanti luoghi sparsi in tutto il mondo».

«E noi? In quale parte del mondo andremo a finire?».

«Non lo so Pelucco, lo scopriremo tra qualche giorno. A te dove piacerebbe andare?».

«Non lo so mamma, io non conosco nessun posto. Noi adesso dove siamo? Tu lo sai?».

«Non sono sicura figliolo, ma credo in **Bangladesh. È qui che si produce una gran parte dell'abbigliamento fast-fashion**».

«Fast cosa?».

«Fast-fashion. È un tipo di abbigliamento economico e alla moda che va fuori stagione da una settimana all'altra».

«Grazie mamma, ho capito, non lo sapevo. E tu, quando facevi parte del maglione di quella signora del computer, quella dell'inglese, dove vivevi?».

«In un posto bellissimo, dove c'era il mare e tanto

sole. Un posto chiamato Grecia».

«Wow, che bella vita che hai fatto! Cos'è il mare?».

«Quante domande Pelucco! Un giorno forse anche tu lo vedrai, ma per ora non ti voglio svelare niente, così quando lo vedrai sarai stupito da tanta bellezza. Ora dormi, presto saremo in viaggio e ho già pensato a come evitare che ti annoi. Io ho già fatto quel viaggio, e ti assicuro che è lungo».

«Va bene mamma, grazie. Buonanotte!».

Mi svegliai. Quanto avevo dormito? Non lo so perché dentro la scatola era sempre buio. Era già mattina? Chissà!

Stavo dando il buongiorno alla mamma e a tutti gli amici pelucchini come me, quando improvvisamente mi sentii leggero, sembrava stessi volando. Avevo un po' di paura, ma capii che mi stavo muovendo perché anche la scatola si stava muovendo.

«Mamma, cosa succede?».

«Ci stanno preparando per il viaggio».

Come sempre mamma sapeva tutto. Mi spiegò quel processo e dalle sue parole mi sembrò quasi di vedere ciò che succedeva! Immaginai quindi che qualcuno avesse preso la nostra scatola e la stesse riponendo, assieme a tante altre, dentro a un furgone.

Inaspettatamente vidi la luce. Il lavoratore aveva sbagliato qualcosa rompendo un pezzetto della scatola, ma per fortuna nessuno si era fatto male. La mamma mi spiegò che ci stavano caricando dentro un grande furgone che chiamano tir e che trasporta una scatola metallica enorme chiamata container. Presto avrei lasciato la fabbrica dov'ero nato e sarei stato spedito in un nuovo luogo. Passò un bel po' di tempo prima che succedesse altro, ma io non avevo fretta, anche se **ero eccitato dall'idea di iniziare la mia missione nel maglione: quella di proteggere un amico o un'amica umana dal freddo.**

Mi ero addirittura immaginato come un personaggio con poteri speciali e per questo motivo iniziai a definirmi come "Pelucco, il supereroe del freddo!"

Finalmente il mezzo con le ruote si mosse. Il viaggio verso la nuova destinazione fu lungo. Che strano questo sistema, pensai. Non capivo perché chi aveva bisogno dei maglioni per il freddo non li produceva vicino a casa propria, invece di farli in un luogo lontano e con lunghissimi viaggi distribuirli in tutto il mondo.

Di nuovo fermi. Qualcuno aveva aperto la porta della grande scatola di metallo e stava venendo verso me. Una forte luce mi investì e vidi una grande faccia che si avvicinò, guardandomi.

Dato che ero un pelucco educato gli domandai: «Ciao, chi sei?».

Sentii la mamma ridere. «Perché ridi mamma?».

«Pelucco, quel signore non può sentirti, sei troppo piccolo e la tua vocina è bassissima».

Intanto la scatola venne nuovamente richiusa. Era di nuovo buio. E adesso?

La spiegazione della mamma fu ancora una volta super interessante. Spero anch'io, un giorno, di poter rinascere e sapere tutte quelle cose interessanti, così da spiegarle a dei pelucchini appena nati.

Fummo caricati su una grande nave, un gigantesco mezzo che viaggiava sul mare, quel posto tanto bello di cui mi aveva parlato la mamma ma che non potevo vedere. Peccato!

Il viaggio della microplastica

«E adesso cosa facciamo mamma?».

«Riesci a vedere un poco al buio?».

«Sì».

«Allora durante questo viaggio ti insegnerò qualcosa di veramente utile! Vedi quell'etichetta bianca?».

«Si, quella con quei simboli strani?».

«Bravo Pelucco, proprio quella! Quei simboli sono lettere, e in questo viaggio ti insegnerò a leggere».

Non riuscii a capire quanto tempo era passato, ma credo abbastanza. Sapevo leggere e anzi, dopo aver letto tante volte quell'etichetta, la conoscevo a memoria!

Finalmente ci muovemmo di nuovo, ma non con la nave. Sentii che ci stavano caricando sopra a un tir. Il viaggio stavolta durò poco e una volta fermi ripartimmo nuovamente, ma non con tutte le altre scatole.

Stavolta fu la mamma a farmi una domanda. «Pelucco, sono abbastanza sicura che ci stanno portando in un negozio d'abbigliamento. Tu che riesci a vedere fuori, guarda durante il tragitto se ci sono dei cartelli e leggili».

«Ok mamma. Vuoi sapere se ho davvero imparato a leggere?».

«Si, ma non solo. Se riesci a leggere un cartello, forse riusciamo a capire dove siamo!».

La mamma era troppo furba e volevo che fosse fiera di me. Fissai per tutto il tempo attraverso quel piccolo buco nella scatola. Il furgone si fermò quanto bastava per permettermi di leggere.

«Ecco mamma» dissi tutto eccitato. «Riesco a leggere qualcosa. C'è un cartello con scritto 'centro' e un altro con scritto...non capisco bene, sembra 'albergo'? È possibile? Esiste quella strana parola?».

«Si, mio caro Pelucco. **Adesso so dove siamo, ed è un posto meraviglioso!**».

«Davvero mamma? E come si chiama questo posto?».

«**Italia, si chiama Italia!** Caro Pelucco, benvenuto nella terra dei nostri amici italiani!».

LA PLASTICA NON È CATTIVA

della Dott.ssa Erika Cedillo González, PhD

Alcuni anni fa, una rivista molto importante chiamata *National Geographic* ha lanciato una campagna per proteggere il pianeta. In quella campagna hanno detto una frase che ha fatto molto riflettere:
"Abbiamo creato la plastica. Ne dipendiamo. Ora ci stiamo affogando dentro."
Ed è vero. Le persone hanno inventato la plastica grazie alla scienza e alla tecnologia. È stata creata per aiu-

tarci: è leggera, resistente, impermeabile ed economica. Grazie alla plastica abbiamo tante cose utili come zaini, vestiti sportivi, computer, aerei, bottiglie, frigoriferi, spazzolini da denti, medicine e giochi.

Ma c'è un problema: usiamo troppa plastica, spesso senza pensarci. E quando non ci serve più, la buttiamo senza sapere cosa farne. Poiché la plastica impiega tantissimo tempo a degradarsi, finisce nei fiumi, negli oceani, nel suolo... e perfino dentro gli animali e dentro di noi.

La plastica non è cattiva. Il vero problema è **come la usiamo e come la buttiamo via.** Per questo dobbiamo trovare nuove idee, nuovi modi per usarla e nuove tecnologie per evitare che inquini il nostro pianeta.

Anche tu puoi far parte del cambiamento! Ogni piccolo gesto è importante. Insieme possiamo aiutare il mare e la Terra a respirare di nuovo.

CAPITOLO 2
Il negozio fast fashion

Anche se non mi era dispiaciuto viaggiare nell'ambiente buio e accogliente della scatola che trasportava il maglione di cui formavo parte, mi emozionai quando vidi apparire un fascio di luce: il commesso del negozio d'abbigliamento stava aprendo la nostra scatola.

«Maglioni per bimbi» disse alla sua collega. «Prendi la scatola e sistemali nell'espositore, per favore».

Pelucco

«Finalmente!» dissi rivolto alla mia mamma. «Sono sicuro che appena ci metteranno in esposizione arriverà un bimbo o una bimba e ci porterà a casa con sé!».

«Pelucchino» così mi chiamava a volte, «porta pazienza».

Non riuscivo! Non vedevo l'ora di cominciare la mia missione. Era troppo importante e volevo iniziare subito!

La mamma si mise a ridere e poi cominciò a parlare con le altre mamme pelucche. Io, invece, ero così meravigliato dalle azioni che facevano gli umani, che mi ipnotizzai nel seguire ciò che succedeva attorno a me. Guardai attentamente la commessa sistemare il nostro e gli altri maglioni nelle grucce, per poi appenderli in maniera ordinata in fila uno dopo l'altro nell'espositore.

Esternai ancora una volta la mia meraviglia ad alta voce, rivolto alle mamme che mi prestavano attenzione: «Wow! Siamo il primo maglione della fila, sicuramente ci porteranno a casa per primi».

Quando la commessa se ne andò, mi resi conto che

Il viaggio della microplastica

l'espositore era vicino a uno specchio. Per la prima volta riuscii a vedere il maglione con estrema calma. Fu la conferma della mia prima impressione, quella avuta nella fabbrica: bellissimo! **Rosso e con al centro una buffissima renna che pareva vestita da Mamma Natale in prima persona;** palline colorate pendevano dalle corna e una sciarpa verde di lana completava i colori del magico periodo che stava per iniziare. C'era anche una scritta: **#TeamSantaClaus**. Io e la mamma eravamo vicini alla sciarpa della renna. Lo so, perché quando muovevo le mie piccole braccia, vedevo nel riflesso dello specchio i movimenti dei pelucchi che formavano la sciarpa.

Lo specchio mi era servito anche per vedere altre cose che succedevano nel negozio. Nello stesso espositore, alla sinistra, c'era un'altra fila di maglioni, anch'essi invernali, ma anonimi: nessuna renna, nessuna sciarpa, nessuna scritta: insomma, maglioni semplici e, a parer mio, noiosi.

Mentre pensavo alla fortuna di vivere in un maglione così bello e decorato, vidi avvicinarsi una bimba.

Il mio viso si trasformò subito, e anche se non ero tanto sicuro che mi potesse vedere, sfoggiai il mio miglior sorriso. Non volevo che quella bella bimba scegliesse un altro maglione, magari per colpa della mia espressione troppo seriosa. Man mano che si avvicinava allo espositore, mi emozionavo sempre più. Ero sicurissimo che poco dopo saremmo andati a casa con lei.

La mia emozione crebbe ancor più quando sentii quello che disse. «Mamma, guarda che bei maglioni! C'è anche la renna! E guarda mamma, guarda. Se me ne compri uno sarò parte del team di Santa Claus e potrò chiedergli tutti i regali che voglio!».

«Woohhoooo» gridai emozionato. «Abbiamo trovato casa! Ci hanno scelto!»

Ma la risposta di quella mamma fu qualcosa alla quale non ero preparato. «No Sara, **i maglioni coi disegni vanno fuori moda in fretta e forse il prossimo inverno non vorrai più metterlo.** Prediamo qualcos'altro. Guarda quei maglioni rossi, quelli stanno bene con tutto».

Non potevo credere a ciò che avevo appena ascoltato! *"Maglioni che vanno fuori moda e non si* mettono più?". A chi potrebbe venire un'idea simile?

Anche se poco convinta, Sara aspettò che sua mamma scegliesse uno dei noiosi maglioni rossi prima di allontanarsi dall'espositore assieme a lei. Durante quel breve lasso di tempo diede un ultimo sguardo al mio maglione e leggendo dalle sue labbra capii che ci stava salutando, seppur a bassa voce: «Ciao renna, ciao team di Babbo Natale».

Non so se mi sentì, ma anch'io la salutai. Subito dopo mi girai verso la mamma e gli altri pelucchi: «Avete sentito? La mamma di Sara pensa che diventeremo fuori moda! Ma nessuno le ha spiegato la funzione dei maglioni? **I maglioni servono per mantenere al caldo le persone e siamo noi pelucchi che ci occupiamo di dare al maglione quelle sue proprietà speciali. La nostra missione è tenere tutti al caldo durante i freddi mesi invernali.** Come possiamo diventare fuori moda se l'inverno torna ogni anno?».

Nessuno seppe rispondermi e per questo motivo cominciai a pensare che forse i pelucchi pensano in maniera diversa dagli umani.

Pelucco

Perso nei miei pensieri, mi ridestai quando vidi un bimbo che si avvicinava. Mi piacque subito. Si vedeva a occhio nudo che era un birichino e pensai che, se ci avesse portavo a casa, ci saremmo divertiti parecchio in sua compagnia.

Per la seconda volta nell'arco di quella giornata sfoggiai il mio miglior sorriso. Quando vidi che il bimbo era accompagnato dal padre, sorrisi ancor di più pensando che forse sarebbe stato più facile convincere il suo genitore.

«Papà, mi piace questo maglione. La rena è buffissima!».

«Va bene Nicola, prendiamolo».

«Woohhoooo!» gridai per la seconda volta, emozionato come fosse la prima. «Andiamo a casa con Nicola!»

Ma per la mia sfortuna, vissi l'ennesima delusione.

«Esse, esse, emme, emme, emme. Ah! Elle!» disse il babbo a Nicola. «Andiamo alla cassa».

Guardai stupito come il babbo di Nicola non prese la nostra gruccia, ma quella di un maglione che era appesa poco dietro noi.

Cos'era successo? Cos'era quella elle? Noi eravamo i primi della fila, perché avevano preso un altro maglione? Pensai di aver parlato tra me e me, invece l'avevo fatto ad alta voce. Mia mamma e le altre mamme pelucche risero così tanto che ebbi l'impressione che il nostro maglione si stesse muovendo. Mi guardarono con tenerezza ma senza rispondermi: non riuscivano a smettere di ridere.

«Pelucchino» disse mia mamma «Elle è la taglia del maglione (L = *Large*). Non tutti i bimbi sono uguali. Alcuni sono più piccoli di altri e i maglioni si classificano per taglie. Noi siamo una taglia esse, adatti a bambini più piccoli di Nicola. Se il suo papà ci avesse scelto, il nostro maglione gli sarebbe stato piccolo e Nicola avrebbe patito freddo.

«Ahhhh, ho capito». Anche se non ero del tutto convinto, **pensai che la cosa più importante era che Nicola fosse al calduccio.**

Augurai ai miei amici pelucchi tanta felicità nel compiere la loro missione, salutandoli con la manina quando li vidi passare dentro a una busta mentre Nicola e suo padre uscivano dal negozio.

Capii che il negozio stava per chiudere quando

poco dopo si spensero le luci. Mi addormentai pensando a tutte le cose che avevo imparato in quel primo giorno: cosa pensavano e come si comportavano gli umani e come funzionavano la moda e le taglie dei maglioni. Anche se non ero stato scelto era stata una bella giornata e le emozioni che avevo provato erano state intense, alcune più belle di altre, ma sempre intense.

CAPITOLO 3
Nonna Anna

Q uando aprii gli occhi e mi svegliai, il negozio era pieno di gente. Tutti andavano da una parte all'altra, prendendo capi diversi. La scena che vidi mi suscitò una grande felicità, pensai che forse oggi avrebbe potuto essere il mio giorno fortunato, il giorno in cui finalmente avrei cominciato a compiere la mia missione.

Mentre aspettavo che qualcuno si avvicinasse al mio espositore, notai una cosa curiosa: **tutti gli**

adulti portavano con sé delle buste con dentro altre buste. Quelle interne erano bellissime, di colore rosso, verde e dorato, luccicanti e con eleganti fiocchi. Mi domandai quali speciali oggetti venissero riposti in quelle belle buste.

Passate un paio d'ore, poco prima della pausa pranzo dei commessi, una donna anziana con un viso simpatico si avvicinò all'espositore. Mia mamma disse che, probabilmente, quella signora poteva essere la nonna di un bambino o di una bambina, e forse voleva comprare un maglione per suo o sua nipote.

Per la terza volta nella mia vita all'interno del negozio, sfoggiai il mio miglior sorriso. Volevo che il maglione della renna "esse" (S = *Small*) dove abitavo, fosse così bello che pregavo tanto che quella nonna non seguisse quelle assurde regole delle mode e delle taglie.

Trattenni il fiato quando la vidi allontanarsi dall'espositore per portare il suo sguardo verso i normali e noiosi maglioni rossi privi di ricamo e scritte, così anonimi e impersonali.

"Cosa starà aspettando?" pensai. «Ehi signora, noi siamo più belli!» gridai sperando mi ascoltasse. Per mia fortuna, e anche confermando che la mia voce era arrivata alle sue orecchie, la simpatica signora afferrò il nostro maglione dicendo emozionata: «Questo maglione piacerà tantissimo a Luca».

«Luca, sto arrivando!» strillai con gioia mentre la mia nuova nonna (decisi in quel preciso momento che lei sarebbe diventata anche mia nonna) ci portava verso la cassa del negozio.

«Buongiorno signora. Ha trovato quello che cercava?» domandò Martina, la commessa del negozio. Conoscevo il suo nome: l'avevo letto nel cartellino che portava appuntato alla sua camicetta quando il giorno precedente mi aveva sistemavo nell'espositore.

«Buongiorno a lei» replicò la nonna. «Sì, l'ho trovato. Questo maglione con la renna sono sicura che sarà perfetto per mio nipote. Un regalo per tenerlo caldo quando va fuori a giocare con gli amici».

«Un'ottima scelta. **Sono i primi della nuova collezione arrivata proprio ieri.** Vuole che le faccia una confezione regalo?».

Guardai la carta regalo che Martina stava mostrando alla nonna e mi emozionai: quant'era bella! Una busta metallizzata di colore blu che si poteva abbinare a un fiocco argentato o a una luccicante stella Natalizia. M'immaginai la felicità dipinta sul viso di quel bambino mentre scartava il regalo nella sua luccicante confezione regalo e vedeva il maglione al suo interno.

«No grazie» rispose la nonna. «**In casa ho una confezione dall'anno scorso che vorrei riutilizzare.** Mia figlia mi sgrida se non mi prendo cura dell'ambiente».

«Sua figlia ha ragione, **dovremmo fare tutti uno sforzo in più e prendercene cura**» rispose Martina.

Non capii il discorso del prendersi cura dell'ambiente, ma sperai tanto che la confezione a casa della nonna fosse altrettanto luccicante e bella come quella del negozio.

Martina porse alla nonna **una busta di plastica** dove aveva ripiegato il maglione dove vivevamo e le augurò buone feste.

Il viaggio della microplastica

Usciti dal negozio, facemmo una passeggiata in bicicletta fino a un negozio di frutta e verdura dove la nonna comprò una rete di mandarini.

Quando arrivammo a casa, attesi con ansia di vedere la confezione regalo per Luca. Immaginate la mia delusione quando la nonna aprì un cassetto e ne estrasse una busta che assomigliava più a un cartoccio abbandonato per strada (che avevo visto durante il tragitto fatto in bicicletta) che a una carta per confezioni regalo. Il disegno però era bello, natalizio e con l'immagine di Babbo Natale che portava in spalla il sacco dei regali. **Ma era così stropicciato che la faccia del povero Babbo Natale era strana, pareva si sentisse male!** Come si poteva paragonare quella carta spiegazzata con la bellissima busta blu metallizzata del negozio di vestiti?

«Mmm... Non trovo i fiocchi! Eppure mi ricordo di averli mesi proprio in questo cassetto l'anno scorso» sentii dire alla nonna. Pensai che stesse parlando con noi visto che non c'era nessun altro con lei nella stanza, perciò le risposi un po' scocciato: «Ma almeno potevi comprare il fiocco o la stella di Natale dal negozio!».

Pelucco

Nell'attesa della risposta, sentii un 'Ding Dong'. Non sapevo da dove provenisse quel suono ma vidi la nonna uscire dalla stanza gridando: «Arrivo, arrivo, un attimo. Sofia, come mai sei qui? Mi sono dimenticata che dovevi venire qui a mangiare? Non ho ancora preparato la cena!».

«Mamma, non preoccuparti! Sono uscita presto dal laboratorio e ho approfittato per venire a salutarti. Ma se hai piacere ceniamo insieme, è da un po' di giorni che ho voglia dei tuoi tortelli ripieni».

«Finisco di incartare il regalo di Luca e poi prepariamo».

«Cosa gli hai comprato?».

«Un bellissimo maglione con una renna e una sciarpa. Vuoi vederlo?».

Vidi entrare nella stanza la nonna e Sofia, sua figlia, la mia nuova zia. Una ragazza molto carina e sorridente.

La nonna lo mostrò con orgoglio alla figlia: «Eccolo Sofia! Questo è il maglione per Luca. Ti piace?».

«È buffissimo. Sono certa che a Luca piacerà tanto» replicò zia Sofia. Ero contento di esserle piaciuto perché la mia nuova zia mi stava proprio simpatica.

Il viaggio della microplastica

«**Peccato che tu abbia comprato un maglione fatto di poliestere, mamma!** Potevi dirmi qualcosa, ti avrei accompagnato».

Ecco ci risiamo! Anche la zia Sofia sarà una di quelle che segue quelle assurde regole della moda e delle taglie e dirà alla nonna che doveva prendere il maglione rosso noioso? Ragionai un attimo e mi resi conto delle parole della zia 'hai preso un maglione fatto di poliestere'. **"Certo che è fatto di poliestere. Noi pelucchi di poliestere teniamo al calduccio i bimbi, lo volete capire o no?"** pensai adirato. Guardai la nonna per vedere cos'avrebbe risposto alla mia non più tanto simpatica zia Sofia, mentre sperai tanto che non ci restituissero al negozio.

«**Cos'ha di male il poliestere, Sofia?**» domandò nonna.

«Lo sai, te l'ho già spiegato. **È un materiale che può rilasciare delle fibre sintetiche che danneggiano l'ambiente.** Bisogna prendersi cura dell'ambiente mamma!».

«Ma io mi prendo cura dell'ambiente, cosa credi? Chiedi alla commessa. **Ho rifiutato la busta regalo** del negozio e userò questa carta, quella che mi hai obbligato a mettere da parte il Natale scorso!** Sono un'ecologista io!» rispose nonna mentre le mostrava orgogliosa la vecchia carta stropicciata.

Ah! Quindi era zia Sofia la colpevole del mio destino di stare dentro quel brutto cartoccio stropicciato. Anche se bella, zia Sofia iniziava a starmi sempre più antipatica. Cos'aveva contro noi maglioni e i regali nelle confezioni belle e luccicanti? Mi salì la rabbia al punto che mia mamma mi chiese di calmarmi e smettere di agitarmi: stavo facendo muovere i pelucchi della sciarpa della renna.

«Brava mamma, hai fatto bene. **Ma bisogna fare di più. Ogni nostra piccola azione ha un effetto sull'ambiente, bisogna esserne coscienti**» rispose zia Sofia sorridente.

«Infatti sto facendo di più! Ho rifiutato il fiocco del negozio, ne userò uno vecchio per fare il pacchetto regalo» rispose nonna mentre tirava fuori da un altro cassetto due fiocchi colorati. "Almeno i fiocchi non sono stropicciati" pensai mentre guardavo la nonna cercare di sceglierne uno proprio come aveva fatto al negozio dei maglioni.

«Bravissima mamma!» disse la zia mentre abbracciava sua madre.

«Hai voglia di darmi una mano? Mentre vado in cucina a metter su la pentola d'acqua, faresti la confezione regalo?» domandò la nonna mentre dava tutto il materiale alla zia e usciva della stanza. Rimanemmo soli con la zia, cosa che non mi piacque molto perché a lei non piaceva il poliestere.

«Maglione di poliestere dentro una busta di plastica. Chissà perché non si è portata la busta di cotone che le ho regalato per fare la spesa. Allora... nastro adesivo... fiocco di plastica... mamma mia quanto spreco! **Cosa posso fare perché poi non lo buttino?**» vociferava la zia.

Iniziai a pensare che forse alla mia nuova zia non le piaceva il Natale. Ma poi mi ricredetti quando vidi con quanta cura preparò il pacchetto regalo. Con le sue mani cercò di lisciare quella carta stropicciata, poi piegò in maniera molto accurata il nostro maglione di modo che Luca vedesse subito la renna all'apertura del regalo. L'ultima cosa che vidi prima che chiudesse il pacchetto, fu quella del lancio di quello che lei chiamava nastro adesivo. Non seppi quindi come fece a chiudere la carta del regalo, ormai ero dentro, io e i miei amici pelucchi eravamo il regalo. Per capire cosa stava succedendo fuori dal pacchetto, protesi le mie piccole orecchie. Sentii che zia Sofia sistemò qualcosa nella confezione, forse il fiocco, e poi disse: **"Per Luca, con amore, nonna Anna. Buon Natale 2021!"**. Ahhh, quindi la nonna si chiama Anna! Che bel nome! Nonna Anna!

Poi credo sia uscita dalla stanza, perché sentii la sua voce e quella della nonna in lontananza.

Mentre ero lì pensai alla zia Sofia. Una persona che prepara con tanta cura un pacchetto regalo non può essere cattiva, né odiare il Natale. **Forse a lei piace così tanto l'ambiente, che deve sgridare tutti quelli che non se ne prendono cura.**

Quindi anche zia Sofia, come me, aveva una missione! Far sì che tutti si prendano cura dell'ambiente! Una volta trovata la spiegazione allo strano atteggiamento della zia, mi sincerai di mettere a conoscenza tutti gli altri pelucchi che la zia mi stava nuovamente simpatica, e che già le volevo bene perché entrambi avevamo una missione importante da compiere.

Stanco di tutte le emozioni vissute e le lezioni imparate durante la giornata, m'addormentai. Ma prima che ciò avvenisse completamente, sentii in lontananza la voce della zia: «No mamma! I mandarini nella rete di plastica non sono buoni per l'ambiente!». Un sorriso si dipinse sul mio viso: anche zia Sofia prendeva seriamente la sua missione, quella di curarsi dell'ambiente.

CAPITOLO 4
Il mio amico Luca

Finalmente arrivò il Natale! Ero stanco di star chiuso dentro una confezione, mi annoiavo. Anche se non potevo vedere, capii che era giunta la sera. Presto la tranquillità e il silenzio che avevano accompagnato la mia giornata, svanirono. Cominciai a sentire uno strano suono che si ripeteva e poco dopo, le voci di alcune persone. Compresi più tardi, quando diventai un silenzioso ma utile e inseparabile amico di Luca, che quel suono era il campanello di casa.

Pelucco

Sentivo che quella notte doveva essere quella giusta, c'era tanta gente a casa della nonna. Ascoltai i saluti dei parenti e le grida di gioia dei bambini che in attesa della mezzanotte, l'ora designata per l'apertura dei regali, si avvicinavano felici all'albero dove io e gli altri pelucchi aspettavamo frementi.

In pochissimo tempo le voci dei bambini incominciarono a farsi più vicine, e tutto a un tratto, senza neanche accorgermene, mi sentii come quella volta che feci quel lungo viaggio in mare. Tutto prese a scossare, a muoversi, e io mi ritrovai con la faccia verso il basso: potevo toccare quello strano materiale che chiamano carta.

«Ehi, cosa succede? Perché mi sballottate così tanto?».

Per fortuna che non soffrivo il mal di mare! In pochi minuti venni girato e rigirato svariate volte, finché ritornò la calma quando la nonna chiamò tutti i presenti per la cena di Natale.

Dopo tanto mangiare, tanto parlare e tanto ridere, arrivò il momento magico dell'apertura dei regali. Sentii correre tutti i bambini con urla e grida verso la zona dov'era stato messo il maglione di cui facevo parte. Quando fu dato loro il permesso, senza aspettare nessun turno, iniziarono a prendere i pacchi e guardare cosa diceva il bigliettino (per capire di chi era quel regalo). Era arrivato il mio turno. Un bambino prese il pacco che conteneva il maglione dove c'ero anch'io e cominciò a scartarlo. La confezione s'aprì ed entrò la luce. Durò un attimo, perché subito dopo la luce si affievolì: era la faccia di un bambino che mi guardava da vicino e faceva una grande ombra sopra di me. Prese il maglione e contento andò ad abbracciare la nonna.

Era felice, ma tanto felice che parlò con i suoi genitori e in un lampo si tolse il maglione che aveva indosso e si mise il mio maglione. Che bella sensazione che provai sapendo che Luca, era quello il suo nome, era felice di portarmi vicino al suo cuore.

E fu in quel preciso istante che giurai di impegnarmi a perseguire la nobile missione per la quale ero stato creato assieme agli altri pelucchi che formavano quel capo d'abbigliamento: **«Ti prometto caro Luca che io, la mia famiglia e tutti i pelucchi di cui è composto il maglione, ti terremo al caldo**

e ti proteggeremo dal freddo».

Che grande emozione iniziare la missione in un giorno tanto speciale!

Da quel giorno, e per molti altri a venire, Luca mi indossò in tantissime occasioni. Ci divertimmo molto insieme, anche se lui non era cosciente che io potevo sentire con le mie orecchie e vedere con i miei occhi ciò che lui sentiva e vedeva con i suoi.

Anche se quel giorno di Natale fu uno dei giorni più emozionanti della mia vita fino a quel momento, ci furono anche altri importanti e splendidi giorni che mi permisero di aiutare Luca durante quell'inverno.

Passati alcuni giorni di festa, un giorno fui sistemato con cura all'interno di una piccola valigia, assieme ad altri vestiti. Non sapevo il perché, ma in quel momento non mi preoccupai. Lo scoprii il mattino seguente, quando m'accorsi che non ero più nella casa del mio amico umano, ma in un posto molto freddo, assolato e molto bianco. In fretta capii che la famiglia di Luca era andata qualche giorno a fare le vacanze in montagna. A metà mattina fui indossato per mettermi alla prova in quel luogo che era bianco perfino per terra: scoprii che quella era la neve. Una sottospecie di strana forma d'acqua semi-solida, fredda e bagnata allo stesso tempo.

Non vidi quasi niente durante quella mattinata sulle piste da sci perché sopra di me Luca aveva indossato un giaccone impermeabile. Sentii i rumori soffusi intorno a me, le risa e gli sforzi di quel bambino che stavo mantenendo al caldo, anche se a volte credetti di scaldarlo troppo.

Rividi la luce solo quando si tolse il giaccone perché all'interno di una casetta di legno molto affollata. Era quello che gli sciatori chiamano rifugio, un luogo caldo dove mangiare e riposarsi per una pausa o al termine della giornata di svago. Il mio amico mangiò tanto e anche la sua famiglia fece lo stesso: doveva essere molto faticoso quello che stavano facendo, quello che chiamavano sciare.

Venuta la sera, prima della doccia, il maglione del quale facevo parte finì all'interno di una grande busta di plastica di colore bianco. **Se ci fosse stata la zia, si sarebbe arrabbiata molto con la persona che aveva portato quella grande busta di plasti-**

Pelucco

ca nella camera di suo nipote!

La mattina successiva, finii assieme ad altri vestiti dentro quella macchina ad acqua che chiamano lavatrice. La mamma mi aveva spiegato un po' come funzionava quell'oggetto e la prima volta ebbi paura, ma poi mi abituai. Ne avevo timore, certo, ma il mio coraggio era superiore a quella sensazione che mi procurava quella nuova scoperta. Appena partì, la sensazione che mi diede fu quella delle giostre per bambini, ricordando che ero salito su una di quelle con Luca, durante un bel pomeriggio assolato. Infatti giravamo piano, prima in un senso, poi nell'altro. Tutto era rimasto tranquillo finché aveva iniziato a entrare l'acqua all'interno di quello strano posto chiuso.

«Aiuto!» avevo urlato senza rendermene conto. Quando in breve tempo ero stato sommerso dall'acqua avevo capito che non dovevo aver paura, non potevo affogare perché non respiravo e non avevo i polmoni. Mi ricordai di una situazione simile quando il mio maglione era stato messo in una busta di plastica e la mamma mi aveva tranquillizzato. Quella consapevolezza di essere veramente un supereroe, mi aveva portato già dopo la seconda, o forse terza lavatrice, a godermi quel processo come una sessione di relax. Eh già! Avevo cominciato ad apprezzare i lavaggi solo dopo averli provati, perché dopo l'acqua, quando arrivava il sapone che faceva le bolle, c'era il vero e proprio ciclo, un ciclo molto turbolento. Venni sballottato di qua e di là, senza capire niente. La parte peggiore era però quella della centrifuga. Quel cestello che ci conteneva iniziava a girare così veloce che mi faceva pensare che avrei potuto staccarmi dal maglione. Che brutti pensieri, sarebbe stato orribile! Invece, sorpresa! Dopo quella fase ero pulito e quasi asciutto. "Wow" pensai "che meraviglia quell'oggetto!".

Ma non era finita lì, proprio per colpa di quel 'quasi asciutto'. Difatti passai dalla lavatrice a un altro elettrodomestico chiamato asciugatrice. Fu molto piacevole perché quando uscii ebbi la sensazione di essere diventato molto più grande. Domandai alla mamma che mi spiegò come sempre tutto in maniera semplice.

«Ti senti più grande, caro il mio Pelucco, perché

Pelucco

quando veniamo messi nell'asciugatrice, diventiamo per l'appunto asciutti e torniamo alla nostra forma originale, soffici e piacevoli al tatto».

Dopo un po' di tempo mi ritrovai ai piedi del letto del mio amico Luca pronto per essere indossato nuovamente. Ma ciò non avvenne, almeno non in quel luogo di montagna. Fui riposto nuovamente nella valigia, era il momento di tornare a casa.

Fu così che le vacanze natalizie terminarono e Luca rientrò a scuola. **L'accompagnai per diverse volte alle sue lezioni, mantenendolo al caldo sia durante le lezioni, che all'esterno della classe.** Il periodo invernale stava finendo e capii che quella stagione era per me la migliore: potevo vedere tutto perché quando il mio amico indossava il giaccone, lo lasciava aperto.

Un pomeriggio, dopo il pranzo e lo studio dei compiti di matematica per il giorno seguente, la mia vita cambiò. Uno dei migliori amici di Luca, Thomas, venne a chiamarlo a casa per invitarlo a giocare nel parco. Uscimmo assieme a Miele, la simpatica cagnolina di zia Sofia. Questa settimana era a casa di

Il viaggio della microplastica

Luca perché la zia era via per lavoro. Con Thomas c'era il suo cane, un cucciolo simpatico e pieno di energia. Quel birbante non stava mai fermo. Faceva le capriole insieme a Miele e poi rincorreva i due bambini che gli tiravano la palla. Nerone, questo il suo nome, era davvero agitato, tanto che a un certo punto, per prendere la palla, mise le sue zampe sul petto di Luca. Per fortuna non gli fece male, ma qualcosa successe: iniziai a vedere tutto di color marrone e sfocato.

Preoccupato, domandai subito alla mamma, era una situazione che non mi era mai capitata e non capivo quello che era successo ai miei occhi: «Mamma, cos'è successo?».

«Niente, non ti preoccupare mio piccolo Pelucco» rispose mia mamma sogghignando. «Il cane, con le sue zampe sporche di terra, ha sporcato parte del maglione».

Guardandomi a destra e a sinistra confermai che ciò era vero, ma vidi anche che io, tra tutti i pelucchi, ero il più sporco.

I due amici non si preoccuparono di essersi sporcati, chi il maglione e le scarpe, e chi i pantaloni e le scarpe, ma continuarono il loro gioco, finché non fu ora di rientrare a casa.

Quando varcò la soglia di casa, la mamma lo vide e sorrise. Luca sapeva già cosa doveva fare, gli avevano insegnato che **la casa non era un albergo e che ognuno doveva fare la propria parte per collaborare alla gestione familiare.** Si spogliò e ripose tutti i vestiti, comprese le scarpe da ginnastica, nella lavatrice e infine fece la doccia. Quando si fu asciugato e rivestito con abiti puliti, la cena era pronta. Programmò il lavaggio per la notte e, prima che il ciclo partisse, era già a letto, Morfeo l'aveva accolto nel mondo dei sogni, cullandolo in attesa del domani.

CAPITOLO 5
Perché non sono più nel maglione?

Non era la prima volta che mi mettevano nella lavatrice e se le prime volte mi faceva paura, ora non ne avevo quasi più. Ricordo che la prima volta fu una strana esperienza trovarsi all'interno di quell'oggetto.

La mamma mi rispiegò con calma il motivo per il quale non ci vedevo più bene, aveva capito che ero preoccupato. «Caro Pelucco, quando i nostri amici umani si sporcano, giocando, lavorando o facendo altre attività, quello sporco si attacca a noi e per questo motivo, come ti ho già detto, non vediamo più bene. Se quello sporco, fango, sabbia, polvere, grasso o altro, si deposita sul maglione che noi formiamo, allora potremmo non vedere o non sentire bene. Stavolta quello sporco si è depositato proprio davanti ai tuoi occhi, ma non ti preoccupare, quando ci laveranno tornerai come nuovo».

Le spiegazioni di mamma mi avevano tranquillizzato ed ero tornato come sempre, sorridente e pieno di energia.

Ma quella volta qualcosa andò storto. Era iniziato il ciclo della lavatrice e avevo goduto ogni singolo istante di quel processo, **la mia pulizia era importante e avevo capito che dopo mi sentivo sempre meglio.** Poi era iniziata l'ultima fase, la centrifuga. Non lo facevo vedere, dovevo essere forte e coraggioso, ma ne avevo ancora paura. Il mio sentimento era un misto tra divertimento e paura spericolata, perché a volte venivo sbattuto contro l'oblò di plastica e per qualche istante riuscivo a vedere fuori. Quella volta, quando fui spinto contro l'oblò, ci rimasi attaccato per un bel po' di tempo. Eppure sen-

Il viaggio della microplastica

tivo rumore dietro me ed ero sicuro che la lavatrice stesse ancora funzionando. Allora, cos'era successo? Scivolai piano piano verso il basso senza rendermi conto di cosa stesse accadendo, fino a che non ebbi la forza di voltarmi verso il centro del cestello: **il maglione era ancora lì ma io non c'ero, ero da solo.** Impiegai qualche momento, forse minuti, per realizzare che **mi ero staccato dal capo d'abbigliamento di cui facevo parte.**[1-4] Cosa potevo fare? Dovevo assolutamente raggiungere il maglione, attaccarmi alla renna e tornare al mio posto. La forza della centrifuga era però troppo grande e tutte le volte che provavo ad avvicinarmi, venivo sbalzato via, ritrovandomi regolarmente contro la parete dell'oblò.

Niente paura, niente panico: dovevo solo aspettare il momento giusto, quello della fine del processo di centrifuga. Mi resi presto conto di quanto mi stessi sbagliando. **Mentre percorrevo quella lunga strada verso il maglione, venni infatti risucchiato assieme alla poca acqua rimasta all'interno del cestello, verso un punto in fondo alla lavatrice.** Provai ad aggrapparmi a qualcosa, una sporgenza, ma era tutto così liscio, che non potei farlo, non vi riuscii. **Quel piccolo rivolo d'acqua m'accompagnò, senza che gliel'avessi chiesto, verso un buco che scoprii in seguito essere l'anticamera del tubo di scolo delle acque usate per i lavaggi.**

Un attimo prima di sparire all'interno di quel tubo, gridai con tutto il fiato che avevo in gola: «Ti voglio bene mamma. Aspettami, tornerò! Verrò a cercarti!». Infine, come in una cascata nel buio, venni espulso dall'oggetto e mi ritrovai in luoghi a me sconosciuti.

Quando finalmente terminai di girare intorno come una trottola impazzita, cercai di capire dov'ero finito. Era davvero difficile perché era molto buio e anche se non riuscivo a vedere niente, sapevo che ero ancora in acqua. Cercai di tranquillizzarmi e concentrarmi. Sapevo che era molto importante capire dov'ero e, ancor più, scoprire dove mi stava portando l'acqua. Utilizzai tutti i miei sensi e le mie conoscenze, seppur ancora scarse, per uscire da quella brutta situazione. Il rumore risuonava come quello che sentivo ogni volta che Luca si lavava le mani, ma questa volta lo sentivo dall'interno. In quel frangente mi tornò alla mente un ricordo: zia Sofia nel giorno della Befana a casa di nonna Anna. In quell'occasione la zia aveva spiegato a Luca che **l'acqua dal lavandino finiva il suo viaggio in una struttura chiamata "impianto di depurazione delle acque reflue".** Mi chiesi se anche l'acqua della lavatrice sarebbe finita lì.

Cercai di ricordare tutto quello che potevo da quella spiegazione, perché forse l'informazione data dalla zia Sofia avrebbe potuto aiutarmi a uscire dalla situazione in cui mi trovavo. Forse potevo riuscire a tornare a casa, nel maglione con la renna di taglia S.

Dovevo concentrarmi, ripercorrendo con la memoria i dialoghi tra la zia e Luca.

Eravamo nel lavandino e zia Sofia si stava lavando le mani.

«Luca» disse sorridente la zia Sofia mentre si insaponava le mani e lo guardava. **«Ma tu lo sai che quest'acqua che sto usando per lavarmi le mani si può ripulire per poterla poi ributtarla in un bel fiume?»**

«Ma se è tutta sporca!» rispose Luca stupito mentre guardava zia Sofia. «Guarda le mie mani! L'acqua che userò per lavarmi avrà così tanto fango, perché ho giocato con Miele in giardino, che non potrà mai tornare pulita!».

«Invece potrà! **Ascoltami e ti dirò come. Non è magia! È scienza!**» disse la zia Sofia «È una storia interessantissima!». Fu così che la zia iniziò a spiegare a Luca questo strano processo. «Questo lavandino è collegato a delle tubature che sono sotto casa, sotto a tutte le case. L'acqua "sporca" che se ne va via attraverso il buchetto del lavandino viene scaricata nelle tubature che la portano fino alle reti fognarie. Queste ultime sono come dei tunnel scavati sotto le strade dove camminiamo tutti i giorni e che portano l'acqua fino a una struttura chiamata **impianto di depurazione delle acque reflue. E lì l'ingegneria e la tecnologia si combinano per trasformare l'acqua sporca e inutilizzabile in acqua pulita, buona per tornare nella Natura**».

«E come la trasformano?» chiese Luca mentre guardava scettico l'acqua pulita e trasparente che usciva dal rubinetto e che se ne andava via tutta sporca di fango attraverso il buchetto del lavandino, dopo che si era lavato le mani.

«Nell'impianto di depurazione ci vogliono diversi passaggi per trasformare l'acqua da sporca a pulita» rispose la zia mentre dava a Luca un telo per asciugarsi le mani. «Il primo passaggio corrisponde nel far passare l'acqua attraverso una griglia eliminando così il materiale grossolano come i pezzi di plastica, i prodotti per l'igiene, i sassi e i residui più grandi. Poi, nei processi chiamati dissabbiatura e disoleatura, avviene la rimozione delle sabbie per sedimentazione e la separazione degli oli e dei grassi mediante insufflazione d'aria. Qui finiscono i trattamenti meccanici che...»

«Ziaaa!!!!» disse Luca.

«Dimmi tesoro».

«Cos'è la sedimentazione?».

«Oh scusa, che sbadata. Quando parlo di queste cose spesso mi dimentico che alcuni concetti possono essere nuovi per te. La sedimentazione è il processo in cui tutte le particelle sospese nell'acqua si depositano sul fondo. Pensa al tuo secchiello azzurro che porti in spiaggia ogni estate. Quando lo riempi d'acqua di mare, hai mai notato che i granelli di sabbia si raccolgono tutti sul fondo?».

«Sì, hai ragione! Non c'avevo mai pensato. Ma zia, come mai sai tutte queste cose sull'acqua?».

«Sai Luca, io studio i sistemi acquatici, il mare e tutto quello che ne concerne. Mi piace pensare che sono una scienziata del mare! Ma ti stavo dicendo che i granelli di sabbia che prima erano sospesi nell'acqua, si depositano sul fondo del secchiello: questa è la sedimentazione. Lo stesso accade con le particelle sospese nell'acqua degli impianti di depurazione. Come ti dicevo prima, i primi processi servono a rimuovere i solidi presenti nell'acqua, e cioè quelle sostanze che non si sciolgono in acqua».

Ricordo che ci muovemmo verso la sala da pranzo mentre la zia continuava la sua spiegazione. «Per le sostanze che invece si sciolgono nell'acqua, si usa una **vasca a fanghi attivi.** Questi fanghi contengono microorganismi che utilizzano le sostanze organiche e l'ossigeno disciolti nell'acqua per nutrirsi, formando fiocchi costituiti da colonie di batteri e materia organica facilmente eliminabili in una successiva fase di sedimentazione finale, dove l'acqua viene separata dal fango che si forma. L'acqua in uscita dalla sedimentazione finale può essere considerata pulita ed essere restituita al **corso d'acqua superficiale, per esempio in un fiume**». Quando finì questa lezione, la zia aveva la sua caratteristica faccia soddisfatta che faceva ogni volta che spiegava qualcosa di nuovo a qualcuno.

«E cosa succede con i fanghi?».

«I fanghi vengono trattati per essere smaltiti in discarica oppure utilizzati come fertilizzanti per l'agricoltura».

Alla fine fu la nonna a far terminare quella conversazione. Si rivolse a entrambi, ammonendoli: «Smettetela di parlare di fango e mangiate! I tortellini si raffreddano!».

Dopo aver ricordato tutto, decisi di aspettare per vedere dove mi portava l'acqua corrente, facendo molta attenzione a tutto ciò che sentivo e vedevo per capire se stavo davvero andando in quell'impianto di depurazione. Speravo tanto di sì, perché sapevo che i genitori di Luca spesso lo portavano a giocare al fiume e magari, con un pizzico di fortuna, avrei potuto ritrovarlo proprio lì.

La mia pazienza fu ricompensata quando cominciai a sentire rumori diversi da quelli che produceva l'acqua. Iniziai riconoscendo un rumore simile a quello che facevano le automobili per la strada. Quel suono era sopra di me: **forse ero davvero nelle reti fognarie,** quelle di cui aveva parlato zia Sofia il giorno della Befana.

«Evviva!» pensai. **«Andrò all'impianto di depurazione, e mi rilasceranno in un fiume! Luca sto arrivando!».**

Ero così felice di sapere che stavo tornando a casa, che mi godetti addirittura il passaggio nell'impianto di depurazione delle acque reflue.[5,6] **Nel processo di grigliatura, vidi come i grandi pezzi di "spazzatura" presenti nell'acqua venivano rimossi.** Durante la disoleatura, mi divertii a saltellare sulle bollicine d'aria che venivano dalla parte inferiore della vasca, confermando anche la veridicità di ciò che aveva detto la zia: **quelle bollicine aiutavano davvero a portare gli oli e i grassi in superficie.** Conobbi i microorganismi che si mangiavano le sostanze organiche disciolte in acqua, anche se purtroppo non potei fermarmi a parlare con loro, fu un peccato perché sembravano personaggi interessanti e amichevoli. Durante tutto il mio passaggio all'interno dell'impianto di depurazione, rimasi sempre sospeso in acqua. **Scorsi in lontananza anche altri pelucchi come me.** Cercai di salutarli per chiedergli da quali maglioni provenivano, ma erano talmente lontani che non riuscii a sentire le loro voci pur gridando a squarciagola. Alla fine mi arresi e **li salutai con la mano mentre guardavo alcuni di loro finire nei fanghi.**[7-9] In quel momento pensai a quant'ero fortunato nel rimanere sospeso in acqua, specialmente perché sapevo che sarei stato rilasciato in un fiume, mentre i pelucchi risucchiati dal fango sarebbero finiti nei campi come parti di fertilizzante. Secondo me sarebbe stato molto più facile trovare Luca in un fiume piuttosto che in mezzo ai campi.

Quando l'acqua dove stavo ancora galleggiando venne rilasciata in un fiume, attivai nuovamente tutti i miei sensi per prepararmi a questa nuova avventura. **Adesso che ero arrivato finalmente nel-**

la Natura, ero deciso a ritrovare Luca e tornarmene a casa con lui per continuare la mia missione nel maglione con la renna. Oltretutto mi sentivo anche particolarmente presentabile perché, pensandoci bene, ero stato lavato in lavatrice e poi rilavato nell'impianto di depurazione. Ma prima di studiare la miglior strategia per trovare in fretta il mio amico umano, dedicai un piccolo pensiero di ringraziamento alla zia Sofia: se non avesse spiegato a Luca come veniva pulita l'acqua, avrei avuto tanta paura durante il tragitto che mi aveva portato dalla lavatrice al fiume. Grazie ai suoi insegnamenti non ebbi paura e mi divertii in quel viaggio, tanto interessante quanto strano. Quindi, grazie ancora zia Sofia per riuscire nell'intento di trasformare quest'avventura in un'occasione per imparare qualcosa.

CAPITOLO 6
Il pelucco gigante strisciante

Dopo tante ore passate a galleggiare sull'acqua, m'incastrai tra le rocce dell'argine di un fiume. Tentai di liberarmi ma non vi riuscii, perciò cominciai a guardarmi in giro: dovevo trovare qualcuno che mi aiutasse.

In lontananza scorsi un personaggio che a prima vista mi sembrò un pelucco come me, ma che allo stesso tempo era molto diverso. In primis, era molto più grande di me. Poi, mentre io mi muovevo camminando su due gambe (anche se fino a quel momento avevo perlopiù nuotato) il pelucco gigante si muoveva strisciando sulla terra.

Quando mi vide si avvicinò con un gran sorriso. «Ciao! Hai bisogno d'aiuto?».

«Sì!» risposi felicissimo.

Dopo che il mio nuovo amico mi ebbe aiutato, mi presentai: «Ciao pelucco gigante strisciante, io mi chiamo Pelucco. E tu?».

Il pelucco gigante strisciante non riuscì a rispondermi subito, stava morendo dal ridere.

Mentre pensavo cosa potevo aver detto di così divertente, finalmente riuscì a riprendere fiato e rispondermi. «Io non sono un pelucco gigante strisciante, **sono un lombrico di terra**. Il mio nome è Nilo».

«Ahhhhh... molto piacere! Scusa ho visto che eravamo molto simili e ho pensato che anche tu fossi una fibra come me. Nilo hai detto? È un nome bellissimo!».

«Grazie! Questo nome ha una storia antichissima. Vuoi ascoltarla?».

Mi sedetti tranquillo su un sasso levigato dall'acqua e molto comodo, apprestandomi ad ascoltare il racconto di Nilo: «Ma certo!».

«Nilo è il nome di un fiume che attraversa un paese molto lontano da qui, l'Egitto. Tantissimi anni fa, **le persone di quella regione si resero conto dell'importanza della mia specie.** Devi sapere infatti che **noi lombrichi abbiamo la missione di rendere fertile la terra, dalla quale le persone ottengono i loro alimenti.** Il nostro compito è così fondamentale per la vita degli umani, che la persona che regnò in quelli anni, una donna intelligentissima chiamata Cleopatra, ci diede il titolo di "animali sacri"».

«Wow!!! Non avevo mai conosciuto un animale sacro! Grazie per avermi liberato Nilo. Anch'io ho una missione molto importante, sai? Anche noi pelucchi aiutiamo le persone, gli diamo benessere».

«Davvero? E come?».

«**Noi pelucchi siamo fibre di plastica**» dissi emozionato. «**Quando formiamo parte di un maglione invernale proteggiamo le persone dal freddo.** Io facevo parte del maglione di un bambino di nome Luca e assieme agli altri pelucchi lo mantenevo al calduccio quando usciva di casa».

«Che missione importante! Bambini che non soffrono più il freddo... **ma allora perché te e gli altri pelucchi ve ne state sempre in giro da soli?**».

«Siamo sempre in giro?». Quella frase non aveva nessun senso. «Cosa intendi con 'siamo sempre in giro'?».

«Se ho capito bene, la vostra missione la fate quando siete nel maglione. Ma le rocce del fiume dov'eri incastrato, non sono un maglione. **Non sei il primo pelucco che vedo fuori da un maglione, ho visto già altri come te.** Io e i miei amici vi chiamiamo **"I nuovi arrivati"**, perché i nostri antenati non ci hanno mai parlato di voi. Stimiamo che siate arrivati sulla nostra Terra più o meno 25 anni fa. Anche i nuovi arrivati, che adesso so che sono pelucchi, non stanno compiendo la loro missione in un maglione, difatti vivono qui nella terra con noi».

«Non sapevo ci fossero altri pelucchi in giro e tanto meno sparsi per le tue terre. Forse anche a loro è capitato quello che è successo a me. Quando ero dentro la lavatrice, un oggetto che serve a lavare via lo sporco dai vestiti, mi son staccato dal mio maglione, anche se non capisco il perché. Ho viaggiato per le tubature, per un impianto di trattamento delle acque e alla fine sono arrivato al fiume, proprio qui dove ci siamo incontrati».

«In realtà **ho conosciuto altri pelucchi** prima di conoscere te. Ma non li ho trovati incastrati nelle rocce del fiume: **sono arrivati volando!**». [10-13]

«Volando!!!???» risposi stupito guardando il cielo azzurro e pensando che non avevo mai volato.

«Si, volando! Anche a me è sembrato stranissimo! Ero abituato a veder volare uccelli e insetti, ma non avevo mai visto volare dei pelucchi».

«E cosa ti hanno detto quando sono atterrati? Ti prego dimmelo, devo saperlo». Non era solo per curiosità, era più per un interesse personale. Elaborai un nuovo e intelligentissimo piano nella mia mente: se fossi riuscito a scoprire come volare, avrei potuto decollare subito e partire alla ricerca di Luca. Sicuramente volando sarei arrivato molto più in fretta che camminando con le mie minuscole gambette.

Nilo riprese il suo discorso, accogliendo la mia richiesta. «I pelucchi volanti mi spiegarono che anche loro formavano parte dei vestiti per i nostri amici gli umani. **Ma loro non si erano staccati in lavatrice, bensì in un altro aggeggio chiamato asciugatrice.** Non ne ho mai visto una... a dire il vero, adesso che ci penso, non ho mai visto neanche una lavatrice, ma so come sono fatte! Lo sapevi che hanno una centrifuga che gira fortissimo e che serve a...».

«Nilo!!! So come funzionano le lavatrici e le asciugatrici, ci andavo spesso! Ti prego raccontami la storia dei pelucchi volanti, anch'io voglio imparare a volare!». Quel lombrico era molto simpatico, ma cominciava a divagare un po'. Probabilmente lui aveva tutto il giorno per parlare, ma io no. Dovevo scoprire subito come tornare da Luca perché forse il mio povero amico stava patendo freddo e io non potevo permettermi di passare tutto il giorno a parlare con un lombrico chiacchierone.

«Ah si. Come ti dicevo, i pelucchi volanti si erano staccati in questa asciugatrice. Ma loro erano stati risucchiati da un tubo che buttava fuori l'aria calda da quella macchina, perciò si erano ritrovati a volare per i cieli della città finché non sono arrivati qui. **Quindi i pelucchi non volano perché lo sanno** fare, ma volano se vengono buttati fuori in mezzo all'aria e il vento li porta via.** [10-13] Mi raccontarono che, dipendendo dalle condizioni di vento e pioggia, alcuni di loro atterrarono anche sui tetti delle case o sui giardini dei nostri amici umani. Di quelli che sono arrivati qui tramite il vento, alcuni sono atterrati in superficie, altri in acqua. Non avendo la capacità innata di volare e non potendo controllare la loro rotta di volo, **alcuni atterrarono e ancora oggi atterrano in groppa ad alcuni di noi e ad alcuni amici che vivono qui con noi, una specie di personaggi molto simpatici, i collemboli.** Il problema è che alcuni tuoi amici pelucchi non riescono a staccarsi e vengono trasportati in lungo e in largo, **finendo per vivere con noi dentro la terra, e non in superficie**».

«Ho capito» risposi tristemente a Nilo pensando che, non avendo la capacità di volare a piacimento, avrei dovuto cercare un altro modo per tornare in fretta da Luca».

«Ma perché sei triste, Pelucco?» mi domandò Nilo accorgendosi del mio stato d'animo. «Te lo domando, ma credo di saperlo. Non sei il primo che vedo triste, anzi, la maggior parte sono come te. Non potendo compiere la tua missione ti intristisci, non è vero?».

«Sì, caro Nilo, è proprio così!». Ero triste perché non potevo più compiere la mia missione di proteggere Luca, ma dall'altra parte ero anche felice di conoscere nuove cose e avere esperienze diverse da quelle vissute nel maglione. Infatti, mentre parlavo con Nilo, non potei smettere di guardare di qua e di là per ammirare il bellissimo paesaggio che la vita mi aveva concesso di vedere.

«Wow!!! Ma che bell'albero!!!» Guardai quelle quattro foglie bellissime e che avevano proprio la forma dei cuoricini che avevo vista disegnata nelle pareti dell'aula di Luca!

Nilo scoppiò di nuovo in una fragorosa risata. Era la seconda volta. Pensai che quel lombrico stava proprio vivendo una delle giornate più divertenti della sua vita, e questo grazie a me.

«Come sei sciocchino! Quello lì non è un albero!».

«Certo che è un albero! Mi ricordo d'averli visti quand'ero con Luca nel parco: verdi e altissimi. Le stesse caratteristiche di quello lì, un albero con quattro foglie a forma di cuore.

Nilo rideva ogni volta più forte, tanto forte che si contorceva tutto. La sua risata si fece contagiosa e anch'io lo seguii in quel rituale che ancora non conoscevo bene, oltretutto senza sapere il motivo di tutta quell'ilarità.

«Quella che vedi è una piccola pianticella, un quadrifoglio. Non è un albero, è una pianta. Sono pressappoco la stessa cosa, ma cambiano le dimensioni. Credo tu sia stato tratto in inganno dalla prospettiva: quand'eri parte del maglione eri molto più in alto, ma adesso sei da solo e con i tuoi piedini per terra. Se vuoi vedere un vero albero girati, è proprio dietro di te!».

Mi girai subito incuriosito e lo vidi. Era enorme, tanto grande e tanto alto confronto a me che non riuscivo a vedere dove finiva: pareva arrivare fino al cielo.

Capii che ciò che mi aveva detto Nilo era corretto: ero talmente piccino che avevo scambiato una pianticella per un albero. Comunque, mi piaceva di più il quadrifoglio, riuscivo a vederlo meglio e faceva una bella ombra, giusta per me.

Quando condivisi i miei pensieri con Nilo, lui mi confidò che quella pianticella portava fortuna. «Si chiama quadrifoglio ed è difficile da trovare. Ci sono tante piante come quella in questa zona, ma la maggior parte di esse hanno solamente tre foglioline e per questo motivo si chiamano trifogli. Forse è un segno che tu abbia trovato un quadrifoglio, **il segno che ritroverai il tuo maglione e potrai continuare la tua missione**».

Sorrisi al pensiero di quella prospettiva e ci credetti subito: il quadrifoglio mi avrebbe riportato dal mio amato amico Luca! Ma quel sorriso non durò tanto: un ranocchio appena buttatosi in acqua provocò una piccola onda che mi riportò dritto nel fiume. In un batter d'occhio la corrente m'allontanò da Nilo, al quale riuscii solo a dire addio con la manina mentre diveniva sempre più piccolo e velocemente scompariva alla mia vista.

LE MICROPLASTICHE VOLANO

delle Dott.ssa Elisa Bergami, PhD e Prof.ssa Daniela Prevedelli

Avete sentito parlare di microplastiche in mare: ne sono state trovate tante, di forme e colori diversi. Alcune sono tondeggianti e lisce, altre hanno forma irregolare e altre ancora sono lunghe e sottili, proprio come Pelucco. **Queste microplastiche derivano per lo più dall'ambiente terrestre e dalle città.** Ma come giungono al mare? Come avete letto, possono uscire dagli scarichi della lavatrice, arrivare ai fiumi e accumularsi in mare. È questa l'unica via? Ebbene no, **le microplastiche possono anche volare!**

Piccole fibre sintetiche si staccano dai vestiti posti in asciugatrice, frammenti di gomma sono rilasciati dagli pneumatici delle auto per abrasione sull'asfalto. **Queste microplastiche sono disperse in aria e trasportate dal vento;** infatti, sono state trovate nelle nuvole, nella pioggia e persino nella neve!

Così, milioni di microplastiche generate dalle nostre attività quotidiane sono trasportate dalle masse d'aria **per distanze brevi o lunghissime, fino alle aree più remote della Terra**, come ad esempio il Polo Sud (l'Antartide, la terra dei pinguini). Qui le microplastiche sono state trovate persino nel ghiaccio marino, raggiungendo animali che hanno vissuto isolati per lunghissimo tempo.

Oggi molti scienziati studiano il trasporto delle microplastiche per via aerea per capire come si disperdono in ambiente (dove vanno?) e quali sono le principali fonti di contaminazione (da dove vengono?). Studi recenti mostrano che il nostro stile di vita contribuisce al rilascio di microplastiche nell'ambiente. **Adottando scelte più sostenibili, aiuteremo Pelucco e gli scienziati a proteggere l'ambiente.**

CAPITOLO 7
Pelucco & co.

Fu un peccato non riuscire a chiacchierare ancora con Nilo il lombrico e salutarlo come avrei voluto. Uffa! Avevo appena trovato un nuovo amico e dopo qualche minuto non l'avevo più. Ma non mi persi d'animo, la mia avventura continuò. Ma dove stavo andando? Dove mi avrebbe portato quel fiume? Ancora non lo sapevo, non avevo proprio idea di dove mi trovavo né tantomeno dove sarei finito. Ricordai la mia mamma quando mi diceva: «Pazienza Pelucco, devi avere pazienza». Pensandoci bene non potevo fare niente, **ero troppo piccolo per contrastare la forza dell'acqua,** perciò presi la decisione di lasciarmi trasportare dalla corrente senza preoccuparmi del futuro e godendomi quel nuovo viaggio estemporaneo.

Mentre combattevo con l'acqua per rimanere in superficie, vidi una fogliolina che galleggiava. Era delle dimensioni ideali per me, abbastanza grande per contenermi e per essere usata come barca improvvisata. Quando raggiunsi la foglia mi stesi sopra di essa, felice di non dover nuotare ancora. L'effetto rilassante del dolce cullare delle onde mi fece ripensare al bizzarro e avventuroso periodo che stavo vivendo: staccatomi dal maglione di Luca nella lavatrice (e ancora ignaro del perché ciò era avvenuto), ero passato per alcune tubature casalinghe, avevo attraversato reti fognarie, ero transitato per un grande impianto di depurazione e infine mi ero ritrovato in mezzo al fiume sopra un'inaspettata foglia-barca.

Fortuna volle che era giorno. La quiete era straordinaria e il sole alto nel cielo: una bella giornata che speravo sarebbe rimasta tale. Totalmente immerso nella bellezza di quel luogo, non mi resi conto di quanto fosse cambiato il panorama. Non si scorgevano più le sponde del fiume, né da una parte, né dall'altra. C'era solo acqua intorno a me, ovunque guardassi solo acqua, nient'altro: un immenso orizzonte blu si confondeva con l'azzurro del cielo. Una forte preoccupazione crebbe nel mio animo e mi agitai a tal punto da cadere dalla foglia-barca. Feci la cosa più naturale del mondo, ciò che anche un umano avrebbe fatto in una situazione analoga: gridai aiuto!.

Inaspettatamente, qualcuno rispose alla mia chiamata: «**Tranquilla Fibra**, non aver paura. Qui sei al sicuro, non ti succederà niente».

Quando mi girai per rispondere, felice di sapere che non ero da solo in mezzo a tutta quell'acqua, **vidi una piccola sferetta viola che mi guardava sorridente.** «Ciaaaaaooooooo! Che piacere trovare finalmente qualcuno! Non sai quanto sono felice! Da solo in mezzo a tutta quest'acqua mi sono spaventato molto, non avevo ancora visto un fiume così grande. Grazie per aver risposto alla mia richiesta d'aiuto. Però non mi chiamo Fibra, mi chiamo Pelucco!».

«Oh, scusa. Ciao Fibra Pelucco. Non devi aver paura. **E comunque questo non è un fiume, questo è il mare**».

Sorrisi al pensiero di essere arrivato al mare. Il mare... la mia mamma mi aveva parlato di questo posto e di quanto fosse bello.

«Dimmi Fibra Pelucco, **ma tu come sei arrivato al mare?**».

«Come sono arrivato al mare? Te lo racconto subito, è una storia incredibile! Sono sicuro che non hai mai sentito niente di simile». Stavo per cominciare a raccontare le mie avventure, quando pensai un attimo alla domanda che mi era stata posta. **Presupponeva quasi che anche quella sferetta viola avesse affrontato un viaggio con destinazione mare.** Aveva anche lei una storia interessante da raccontare? Ricacciai i miei pensieri, volevo rispondere in fretta. Oltre a non voler passare per scortese o maleducato, ebbi paura che la nuova conoscenza se ne sarebbe andata lasciandomi da solo in mezzo a tutta quell'acqua.

Il viaggio della microplastica

«Prima abitavo in un maglione invernale che aveva una buffissima renna natalizia. Il maglione era di un bambino, mio amico, di nome Luca. **Avevo una missione molto importante da compiere e finché sono rimasto in quell'indumento, l'ho onorata: proteggere Luca dal freddo.** Lo tenevo al calduccio quando andava a scuola, al parco per giocare, alle feste di compleanno con gli amici oppure a casa di nonna Anna». Raccontando la mia missione, notai che gli occhi della mia ascoltatrice brillavano: anche lei ricordava che aveva avuto una missione prima di arrivare lì? Continuai il mio racconto senza perdere ulteriore tempo. «Poi un giorno, al parco, il simpatico cane di Thomas si avvicinò a Luca per giocare e per mettersi in mostra. Quel cane era veramente sciocco e faceva morire dal ridere con tutte le capriole che faceva mentre giocavamo con lui. L'unica nota dolente è stata quella che, dopo i giochi, la mamma di Luca si è resa conto che il cane aveva lasciato delle impronte di fango sul mio maglione (proprio dove c'ero io). Arrivato a casa, Luca l'ha messo in lavatrice e, senza sapere il perché, mi sono staccato durante il ciclo di lavaggio. Da quel momento in poi ho fatto un lungo viaggio attraverso vari luoghi e infine sono arrivato qui».

«Wow che storia interessante! E che bella missione che avevi Fibra Pelucco» mi rispose quella buffa sferetta.

«Perché continui a chiamarmi Fibra Pelucco? Mi chiamo Pelucco, solamente Pelucco!».

«Come sei sciocchino! Lo so che il tuo nome non è Fibra. **Ti chiamo così perché Fibra è il tipo di microplastica al quale appartieni!**».

Quel commento mi lasciò perplesso, non capivo cosa volesse dire quella piccola pallina e la guardai con fare sorpreso. Stavo per chiederle cos'erano le microplastiche, quando la mia nuova amica finalmente si presentò: «Mi chiamo Perla. **Anch'io sono una microplastica come te. Sono arrivata al mare tanti anni fa e da allora vivo qui insieme ad altre microplastiche e agli animali marini**».[14]

«Ma tu non mi assomigli: io sono un filino e tu sei una sferetta. Perché dici che siamo entrambi microplastiche? E poi, che cacchio sono le microplastiche? Non ho mai sentito questa parola!». Ero curioso di sapere, di imparare cosa significava quella strana parola.

«Non hai mai sentito questa parola prima d'ora perché noi microplastiche siamo ancora poco conosciute. **Noi microplastiche siamo semplicemente pezzi di plastica molto piccini,** Pelucco. **Gli scienziati dicono che possiamo essere tanto piccoli come la gomma di una matita, o addirittura ancora più piccoli quanto la punta della matita stessa.**

Mentre guardava la mia faccia stupita, la mia nuova amica continuò a darmi spiegazioni. «E non finisce qui! **Abbiamo diverse forme**: alcune microplastiche sono sfere come me, altre fibre come te, altre fatte a film, e altre ancora rigide e spigolose a forma di frammenti. Per esempio, tu sei una microplastica del tipo fibra e sei molto grandona, sei molto alto Pelucco».

«Cosa??? Io alto? Non credo. Ho conosciuto un lombrico che mi ha convinto di essere piccolissimissimo! Quel lombrico ha riso di me perché pensavo che un quadrifoglio fosse un albero!».

«Mi riferisco al fatto che sei alto se confrontato

ad altre microplastiche» puntualizzò ridendo. **«Ci sono microplastiche più piccole di te, come per esempio io, e altre che sono ancor più piccole di me, tanto piccole che addirittura si fa fatica a vederle. Mi hanno detto che gli scienziati le chiamano nanoplastiche».**

Riassunsi ciò che mi aveva spiegato Perla. «Quindi, se ho capito bene, noi microplastiche siamo pezzettini di plastica di diverse forme e dimensioni. Ma dimmi Perla, come possiamo noi microplastiche o nanoplastiche uscire dal mare e tornarcene a casa? Sono davvero impaziente di ritornare al mio maglione e continuare a svolgere la mia missione. Anche se l'inverno finirà presto, Luca avrà ancora bisogno di me. Mia mamma pelucca mi ha detto che in certi luoghi la primavera è fresca, e non vorrei che Luca prendesse il raffreddore solamente perché la lavatrice ha avuto la brillante idea di staccarmi dal maglione».

Perla, che fino a quel momento aveva avuto un'espressione costantemente sorridente, cambiò guardandomi serio. Avevo forse detto qualcosa di sbagliato?

La sua risposta non tardò ad arrivare e fu per me una brutta notizia: **«Temo proprio che sarà molto difficile tornare al tuo maglione, Pelucco»**.

Ero tanto agitato che quasi le urlai contro: «Coooosaaaa? E perché?».

Perla se ne accorse, ma per fortuna non si offese e non mi disse niente, probabilmente capì la mia disperazione. «Per la forza del mare Pelucco. Noi siamo molto piccoli e il mare ha una forza tanto incredibile che trattiene molto di ciò che arriva nel suo immenso spazio. Quindi, **se una microplastica entra nel mare, di solito rimane lì.** Come ti ho confidato prima, **io sono nel mare da anni e non sono mai riuscita a uscire,** pur avendoci provato molteplici volte».

Iniziai seriamente a preoccuparmi. Cosa voleva dire quell'assurdo discorso? Dovevo assolutamente indagare più a fondo. «Ma Perla, dovrà pur esserci un modo per uscire dall'acqua. Non mi sembra tanto difficile. Secondo me dobbiamo solo trovare una spiaggia, nuotare fino a raggiungerla e uscire tranquilli e felici dall'acqua». Pronunciando quelle parole volsi il mio sguardo nelle varie direzioni per cercare la spiaggia più vicina.

«Te lo ripeto Pelucco, non è così facile. Il mare è troppo forte per noi microplastiche» mi rispose Perla rassegnata.

Dopo quel triste e preoccupante discorso, compresi che Perla non era la microplastica di cui avevo bisogno per tornare a casa. A mio parere, Perla non aveva più voglia di combattere contro la forza del mare e forse, per non rimanere sola, diceva agli altri che ciò non era possibile. O forse non aveva una missione e per questo motivo non aveva tanta fretta di uscire dal mare. Ma io invece si: chissà quanto freddo stava partendo il mio caro amico Luca! Da quanto tempo ero in viaggio? Troppo! E durante tutto quel tempo lui sicuramente non era riuscito a scaldarsi! Dovevo assolutamente e velocemente uscire dal mare. Avevo bisogno di qualcuno come Nilo, un lombrico o un animale simile che mi tirasse fuori dall'acqua. Ma se l'avessi mai trovato, stavolta mi sarei assicurato di due cose: di non perdere tempo a chiacchierare in riva al mare e di allontanarmi abbastanza dall'acqua per non finire di nuovo travolto da un'onda provocata dal salto di una rana. Maledetta rana verde! Se non fosse stata per quella sarei già in cammino verso casa.

«Ehi Pelucco, sei ancora qui?». Era Perla che mi chiamava e mi guardava preoccupata.

«Eh? Oh si, scusa, ci sono. Ero perso nei miei pensieri».

«Vuoi conoscere i miei amici, altre microplastiche come noi? Sono sicura che farà loro tanto piacere conoscerti! Dai vieni, dobbiamo nuotare per raggiungerli» mi disse Perla mentre nuotava nella direzione opposta alla spiaggia che avevo appena avvistata.

«Ma... dobbiamo proprio andare noi da loro? Non possiamo aspettarli qui? O meglio, non possiamo aspettarli in quella spiaggia laggiù?». Appuntai il mio dito verso quella spiaggia che avevo visto e dalla quale non volevo allontanarmi. Poteva essere l'unica possibilità per uscire dal mare e trovare un altro Nilo che mi potesse aiutare. Ricordo che mi aveva detto che loro, i lombrichi, vivevano nella terra, e secondo me la spiaggia era come la terra. C'era solo un'unica differenza: la terra della spiaggia era molto più chiara rispetto alla terra del fiume, ma per quanto riguardava il mio obiettivo, la terra era sempre terra.

«La spiaggia è troppo lontana da noi, Pelucco. Anche se a vista sembra vicina, ci vogliono giorni e giorni per raggiungerla, perché siamo molto piccini. E poi non è detto che riusciremo a uscire dall'acqua perché ci sono le onde che creano un effetto di tira e molla: **prima ti spingono verso la terra, poi ti risucchiano verso il mare.** Se sei fortunato, ma molto fortunato, e riesci ad aggrapparti a un granello di sabbia, forse riesci a rimanere a riva, ma è davvero difficile perché devi subito correre molto veloce per non farti riprendere dall'onda successiva. Te lo dico per esperienza, ci ho provato tante volte! Se vuoi, possiamo tentare di aspettare i miei amici qui, ma non credo sia possibile. **Noi microplastiche non restiamo mai ferme, andiamo dove ci portano le correnti marine, le onde o le tormente.** Poco prima di incontrarti ero insieme alle mie amiche microplastiche, poi è passata una barchetta che ha fatto tante onde e ci ha separati. Ma, se non sbaglio, loro sono finite in quella direzione e non credo siano molto lontane da qui». Perla indicò un punto che pareva non essere troppo lontano dal punto dove ci trovavamo.

Accettai, non volevo essere scortese e alla fine quella piccola sferetta viola mi aveva trattato bene, spiegandomi cos'erano le microplastiche e anche invitandomi a conoscere i suoi amici. «Va bene, andiamo». Oltretutto non volevo rimanere da solo in mezzo al mare. Ero abituato a vivere nel mio maglione, insieme a Luca e agli altri pelucchi, non ero mai stato tanto tempo da solo come in quel pazzesco viaggio che stavo facendo. No, non volevo rimanere da solo, sarei andato con Perla. Mentre le nuotavo accanto, mi parlava di quanto fosse bello il mare, con splendide giornate di sole e onde che la facevano saltare da una parte all'altra. Mi raccontò che talvolta c'erano delle tormente, ma lei non sentiva più paura perché erano tanti anni che viveva nel mare. Pur cercando di ascoltare quella chiacchierona della mia nuova compagna di viaggio, non potevo evitare di immaginarmi gli amici di Perla. E se uno di loro fosse stato simile a me? Non sarebbe stato male trovare un'altra fibra microplastica, nome con cui mi chiamava Perla. **Magari insieme avremmo potuto ideare un piano per avvicinarci alla spiaggia e tornare nel maglione di Luca.**

Dopo aver fatto un bel tratto a nuoto, finalmente trovammo i suoi amici.

«Guarda Pelucco, ecco i miei amici! Anche loro sono microplastiche come noi!» mi disse Perla felice.

Li guardai subito: **le microplastiche sorridenti che mi trovai di fronte non mi somigliavano per niente.** Anzi, a dirla tutta, non somigliavano neanche a Perla. Non mi era ancora molto chiaro come tutti e noi quattro potessimo appartenere alla stessa famiglia, alle microplastiche.

Una di loro, simile a un fiocco di cereali, e che restituiva un'immagine di sé molto sicura, si avvicinò a noi cavalcando un'onda sopra a un pezzo di un cucchiaio di plastica come fosse una tavola da surf. L'altra invece pareva una diva del cinema, sempre

Il viaggio della microplastica

circondata da piccole bolle semitrasparenti e leggermente colorate che la rendevano così interessante. Entrambi erano più piccoli di me, Perla aveva ragione: tra le microplastiche ero davvero alto. Se incontrerò di nuovo Nilo, gli farò sapere quanto sono alto.

Perla cominciò a parlare ai suoi amici: «Ehi ragazzi venite qui. Voglio presentarvi Pelucco, una fibra microplastica arrivata oggi nel nostro mare. Prima viveva in un maglione ma si è staccato in lavatrice ed è finito qui con noi. Anche lui aveva un'importante missione prima di finire qui, proteggeva un bambino dal freddo».

«Ciao Pelucco, io sono Bolle di Sapone».

«Bolle di Sapone? Wow, che bel nome! Ma perché ti chiami così?».

«È per via delle bolle che sempre mi circondano, sono fatte di sapone».

«E la tua missione era divertire i bimbi facendo le bolle di sapone?».

Ah, ah, ah, tutti risero dopo la mia affermazione.

«No, ma sarebbe stato bello. Le bolle che mi cir-

Pelucco

condano sono fatte di detersivo per lavare i piatti. **Mi circondano sempre perché ho ancora dei residui di detersivo addosso che, a contatto con l'acqua, formano le bolle.** Prima di finire nel mare **formavo parte di una bottiglia di plastica contenente detersivo.** Vivevo in uno stabilimento balneare vicino a questo mare e la mia missione, come la tua, era molto importante. Anch'io proteggevo gli umani da qualcosa, non dal freddo, bensì dalle sostanze nocive per la pelle. **Facendo parte della mia bottiglia di PET, io e i miei fratellini evitavamo che le sostanze chimiche come detergenti e altri prodotti chimici entrassero a contatto diretto con la pelle degli umani,** la quale alcune volte può essere danneggiata da questi prodotti se non vengono usati correttamente».

«Non credo sia vero» le risposi. «I genitori di Luca spesso lavavano i piatti con i detergenti. E anche nonna Anna e zia Sofia. Nessuno di loro si è mai lamentato di essersi danneggiato le mani».

«È vero Pelucco. La ragione è che loro usavano il detersivo in maniera corretta, un po' alla volta e poi lo sciacquavano via dalle mani. Ma un contatto prolungato tra il sapone e la pelle causa irritazione, e talvolta anche dolore».

«Caspita, non lo sapevo! Io non ho mai lavato nessun piatto in vita mia, sono troppo piccolo per farlo. Wow, la tua missione era molto importante Bolle di Sapone! Come mai sei finita qui nel mare? Dov'è la tua bottiglia di PET?» le domandai mentre guardavo in giro cercando la bottiglia.

«Una sera, finito il detersivo, la mia bottiglia è stata messa in una busta insieme ad altre bottiglie di plastica. Il padrone della stazione balneare ci ha portato nel cassonetto per il riciclo della plastica. Immagino l'avesse trovato pieno, perché decise di appoggiare la busta per terra e andarsene. Anche se ero dentro la busta mi resi conto che non eravamo nel cassonetto perché sentivo persone a piedi e in bicicletta passarci molto vicino. Qualcuno passò talmente vicino che inciampò nella nostra busta e infine le diede un calcio arrabbiato, rompendola un po'». Bolle di Sapone raccontò la storia ridendo mentre imitava quel fatidico calcio che fu l'inizio del suo viaggio verso il mare. Anche se non aveva potuto vedere quella scena perché era dentro la busta, la sua immaginazione e teatralità resero bene il concetto di ciò che successe.

«Aspettammo per molti giorni sotto il cocente sole estivo: **il caldo era così forte da indebolire la busta e ingrandirne il buco.** Ciò che avvenne mi permise però di vedere fuori da quell'involucro. Mi stupii nel costatare che **le persone ci passavano accanto ignorandoci.** Guardavano la nostra busta e la parte di materiale che fuoriusciva da essa, ma **nessuno si prese il disturbo di raccoglierci in un nuovo sacco per il cassonetto o per un'isola ecologica.** Nessuno. Passavano e ci ignoravano, come se non fossimo più utili a questo mondo. Un pomeriggio, mentre guardavo il cielo dal buco della busta di plastica, notai che stava arrivando un temporale. Il vento cominciò a soffiare forte e la pioggia a cadere copiosa sull'asfalto, riempiendo la strada. **Il forte vento rovesciò la busta di plastica facendo uscire la mia bottiglia. Da lì, galleggiando sopra quel fiume improvvisato, arrivammo alla spiaggia dove rimanemmo intrappolati tra piante, sabbia e rocce**».

Avrei voluto interromperla, per farle tante domande, ma lasciai che continuasse, il racconto era davvero travolgente. «Vivemmo in quel posto per così tanto tempo che si alternarono belle e calde giornate di sole estivo a tormente e freddi inverni solitari. Man mano che passava il tempo, il paesaggio della mia nuova casa mutava: **le piante smisero di essere belle come il giorno in cui la mia bottiglia era arrivata e le nuove piante che crebbero sembravano più piccole e deboli, quasi tristi.** Giorno dopo giorno, stagione dopo stagione, sole, pioggia, vento, freddo, caldo, la bottiglia si indebolì: sia io che i miei fratelli iniziammo a muoverci con più libertà. **Il giorno in cui mi staccai completamente dalla bottiglia il vento era tanto forte da farmi volare tutta sola in mezzo alla spiaggia.** Poi arrivò un'onda che mi travolse in pieno. Da quel momento in poi non sono più riuscita a tornare nella sabbia».

Ecco un'altra microplastica che non riesce a uscire dal mare, pensai. La domanda per Bolle di Sapone mi venne spontanea: «Ma tu hai provato a uscire dal mare?».

«Si, certo! Tante volte. **A me piaceva la mia mis-**

sione nella bottiglia. Ma ho un piano: trovare di nuovo la bottiglia e aspettare che qualcuno ci porti a riciclare. Ma c'è un grande problema: con le nostre piccole dimensioni non è facile combattere la forza dell'acqua! Vorrei tanto uscire dal mare, ma non ci riesco. A me non piace stare qui e anche se sono felice di conoscerti, caro Pelucco, non passa giorno che desideri uscire dal mare. Specialmente quando vedo avvicinarsi le tormente, quelle mi fanno davvero tanta paura. Credimi Pelucco, vissute dalla sabbia le tormente sono spaventose, ma vissute da qui, nel mare, sono terrificanti!» mi disse Bolle di Sapone guardando il cielo alla ricerca di qualche nuvola nera.

«Non lo so» risposi a Bolle di Sapone scrollando le spalle. «Tutte le tormente le ho vissute appeso alla mia gruccia nel comodo e caldo armadio della stanza di Luca o indosso a lui ma coperto da una giacca invernale. Per questo non ne ho mai avuto timore, non le ho mai vissute direttamente. Uffa! Adesso che mi ci hai fatto pensare mi manca il mio armadio, mi manca la mia casa» rivelai a Bolle di Sapone lamentandomi.

Il viaggio della microplastica

Dal nulla una voce mi disse: «Perché vorresti tornare in un noioso armadio, Fibra di Plastica? Qui al mare ci si diverte! Io non vorrei mai uscirne!».

Che sciocchino che ero stato, mi ero completamente dimenticato che c'era anche un'altra microplastica! Forse perché mentre Bolle di Sapone mi raccontava la sua storia, **lui si era divertito a cavalcare tutte le onde che gli erano passate vicino.**

Gli feci la domanda che mi sembrava fondamentale in quel momento: «Come mai tu non vuoi uscire dal mare?». Mi aveva ascoltato? Chissà! Sembrava più interessato a fare capriole sull'acqua, che ascoltarmi. Mi sbagliavo!

Si fermò per un istante, giusto il tempo per rispondermi: «Stai scherzando, spero» e poi tornò a giocare, ma stavolta cercando di rimanere in equilibrio senza cadere. «Cavalcare le onde è molto divertente, era da tutta la vita che lo desideravo».

«Quindi anche tu non sei nato nel mare?» gli chiesi.

«Certo che no, Pelucco! **Le microplastiche non nascono nel mare, nascono nelle fabbriche degli umani**» sentenziò Perla.

«Perla, la 'Professoressa delle Microplastiche'!» intervenne ridendo Bolle di Sapone.

«Come, scusa? Perché 'Professoressa delle Microplastiche'?» chiesi a tutti.

Perla prontamente si difese guardando con gli occhi semichiusi le altre due microplastiche che ridevano di lei: «Mi prendono in giro Pelucco perché mi piace insegnare e correggere gli altri quando dicono qualcosa di sbagliato».

«Bè, in effetti mi ricordi gli insegnanti di Luca. Ti conosco solo da un giorno e mi hai già insegnato cosa sono le microplastiche e dove nascono». Poi diressi la mia attenzione al surfista: «Anche tu sei nato in una fabbrica?».

«Si, certo! A proposito, mi chiamo Fiocco. **Facevo parte di una busta di patatine** in vendita nel bar dello stesso stabilimento balneare dove abitava Bolle di Sapone. Tutti i giorni vedevo entrare tante persone, ma fra questi c'erano dei ragazzi che erano sempre contenti mentre aspettavano i loro panini e bevande. Li sentivo parlare di capriole che facevano sulle onde nel mare. Non riuscivo a capire come facevano a fare tutto ciò, ma poi l'imparai quando uno di loro acquistò la confezione di patatine dove vivevo. Mentre il ragazzo si gustava le patatine sdraiato nella sua sedia, vidi i suoi amici correre verso il mare con degli strani attrezzi allungati, che poi ho imparato che si chiamavano tavole da surf. Li osservai usarle e fare tutte le capriole di cui avevo sentivo parlare nel tempo. In quel momento capii: mentre stavano in acqua con le loro tavole da surf quei ragazzi erano molto felici. Si divertivano e ridevano sempre. Quindi decisi che anch'io volevo essere come loro e divertirmi. Per mia fortuna **il ragazzo lasciò la busta di patatine vuota sulla sdraio, e il vento ci portò sulla sabbia.** Aspettai un po' di tempo prima di poter uscire dalla busta perché il tipo di plastica di cui sono fatto, chiamato polipropilene, è resistente. **Ma neanche la sua forza era tanto grande quanto le azioni del vento, della sabbia e del sole. E fu così che arrivò il momento in cui la busta, indebolita da quegli agenti atmosferici perseveranti nel tempo, lasciò che mi staccassi.** Appena libero corsi a cercare qualcosa che poteva fungere da tavola da surf, trovai un pezzo di un cucchiaio di plastica, e mi diressi con esso verso la spiaggia e fino dentro al mare».

«Wow, quindi tu volevi entrare nel mare! Non avevi una missione prima di arrivare qui?».

La risposta di Fiocco non tardò ad arrivare, ma la fece scuotendo la testa: «Si che l'avevo! **Tutte le plastiche e microplastiche hanno una missione.** Nel mio caso, io e i miei fratellini microplastiche liberati dalla busta **eravamo stati creati per far parte di confezioni alimentari con il compito di mantenere freschi e fragranti gli alimenti che mangiano gli umani**».

«La tua missione suona tanto importante quanto le altre. E allora perché non sei preoccupato? Non vuoi uscire dal mare per tornare a svolgere la tua missione?».

«Ma che dici! Io voglio solo divertirmi. E poi ho già compiuto la mia missione: quando abitavo nella busta ho mantenuto le patatine fresche e fragranti. Gli umani credono che noi plastiche, di qualsiasi dimensione, funzioniamo solo una volta e basta. Siamo un prodotto usa e getta!». Fiocco sembrava davvero convinto delle parole che aveva appena pronunciato.

Il viaggio della microplastica

Perla la professoressa intervenne subito appena ascoltate le parole di Fiocco. Era arrabbiata e in totale disaccordo con il pensiero del suo amico: «Non è vero! **Noi plastiche, grandi o piccole, siamo un materiale molto speciale, progettato per facilitare la vita degli umani. Siamo resistenti e perciò possiamo essere utilizzate più di una volta per compiere le nostre missioni!**».

«Sì, ma quello dipende dagli umani. **Sono loro che ci devono raccogliere e recuperare per riciclarci.** Prima di tutto noi siamo troppo piccoli per cambiare qualcosa e secondo se non si preoccupano loro che mi hanno creato di darmi una seconda chance, perché dovrei farlo io?».

«Non ascoltarlo, Pelucco» mi disse Bolle di Sapone. «A lui interessa solamente divertirsi, non gli importa niente delle nostre missioni».

Anche Perla si schierò con Bolle di Sapone: «È vero! Fiocco non vuole ancora capire l'importanza che noi plastiche abbiamo nella vita degli umani. A volte **penso che neanche gli umani conoscano bene il contributo che noi plastiche e microplastiche diamo alla loro vita!**».

Pelucco

«Sai Perla, mi sono appena reso conto che conosco il tuo nome, ma non la tua missione. Fiocco ha appena detto che tutte le plastiche e le microplastiche hanno una missione. Se è così allora anche tu dovevi averne una».

«Ho una storia molto simile alla tua, anche se devo dire che ti invidio un po', la tua missione è durata tante settimane e hai avuto l'occasione di conoscere bene il tuo amico Luca. **Invece la mia è durata solo una volta e appena compiuta ho realizzato il tuo stesso viaggio fino a questo mare**».

Ero curioso e stupito. Perla doveva aver avuto una super missione e forse per quel motivo la chiamavano professoressa, per rispetto. «Davvero? Solo una volta? Allora la tua missione era una missione molto importante e pericolosa. Ti prego Perla, dimmi qual era».

«In realtà la mia missione non era pericolosa, solo triste».

«Triste?». Chi può avere una missione triste? pensai. «Perla, perché dici che la tua missione era triste?».

«Pelucco, **io sono una microperla**, è da lì che viene il mio nome. Sono fatta di polietilene, un tipo di plastica molto comune e molto utile per gli umani. Prima di finire qui nel mare, **abitavo insieme a tante altre microperle in un tipo di sapone liquido chiamato scrub.** Mi ricordo che eravamo dentro una confezione bellissima, un tubicino di plastica trasparente di colore rosa che profumava di fragola. Lo scrub dove vivevo era esposto in una prestigiosa profumeria. Tutti i giorni guardavo tante persone entrare e uscire dal negozio. Le guardavo comprare tanti articoli diversi, come profumi o trucchi, e sentivo le commesse spiegare alle clienti come usare quei prodotti. Un pomeriggio entrò una bella e sorridente ragazza in negozio. Mi piacque subito. Ricordo che dopo aver preso la mia confezione di scrub, quando arrivò alla cassa per pagare, ascoltai la commessa spiegarle la mia missione. Fu in quell'istante che imparai la missione, una verità che prima non sapevo perché mi ero solamente limitata a guardare e imparare i prodotti del negozio. Più o meno le disse che le microperle contenute nello scrub, ovvero io e le mie coinquiline, **eravamo delle piccole sfere di polietilene che servivano a tenere la pelle**

liscia e quindi sana. Quando ho sentito quelle parole non ci potevo credere. Avevamo un'importante missione da compiere: mantenere sana la pelle della ragazza sorridente. Felicissima mentre ci portava a casa, non vedevo l'ora di svolgere la mia missione. Per giorni e giorni aspettai impaziente di uscire dal tubicino per contribuire alla bellezza della ragazza, alle sue abitudini di pulizia. Ma c'era qualcosa che mi preoccupava: **dopo ogni pulizia le mie coinquiline non ritornavano nel tubicino dello scrub.** Una volta guardai attentamente e **le vidi scivolare nel lavandino fino a scomparire assieme all'acqua che le trascinò con sé.**[15] Mi domandai spesso dove andavano e come facevano a svolgere ancora la loro missione».

Perla fece una lunga pausa durante la quale non dissi niente perché mi sembrava triste. Aspettai finché decise di riprendere il suo racconto. «Poi finalmente toccò a me. Il giorno che compii la mia missione fu un giorno speciale, sia per me che per la ragazza sorridente. Prima di cominciare la pulizia del suo sorridente viso, le sentii dire: "Oggi è un bel giorno per sposarsi". Evviva! Aiuterò a tener sana la pelle di una sposina, che onore! Ero talmente felice che non mi resi conto che la pulizia durò solo pochi secondi, e poi, appena finita, **l'acqua mi catturò e mi portò con sé all'interno di quel buco nel lavandino.** Pensai che avrei trovato le mie ex-coinquiline le quali mi avrebbero finalmente spiegato come facevano a compiere ancora la loro missione. Ma non fu così, non trovai nessuna di loro dentro al lavandino. Anzi, **iniziò per me un viaggio allucinante: passai da tubature, reti fognarie e strani macchinari sino ad arrivare qui, nel mare.** Aspettai per giorni e giorni che qualcuno venisse a riprendermi. Pensavo che avrei avuto ancora tante occasioni di mostrare al mondo la mia utilità. Ogni volta che vedevo una persona gli gridavo più forte che potevo: **"Sono qui, sono forte, posso ancora compiere la mia missione, tante missioni".** Ma le persone non mi vedevano, né i più grandi, né i più piccoli. Nessuno venne a riscattarmi. I giorni diventarono settimane, poi mesi e infine anni. Ancora ricordo la ragazza sorridente, anche se immagino che adesso sia più grande, più adulta. Mi chiedo se sa che posso ancora aiutarla a mantenere bella e sana la sua pelle. Mi chiedo se sa che sono qui nel mare, ad aspettarla».

«Mi dispiace Perla. Pensavo tu non avessi una missione da svolgere e per questo motivo tu avessi accettato di rimanere nel mare. Pensavo ti fossi arresa, ma mi sbagliavo, scusami».

«Non ti preoccupare Pelucco, ti capisco». Nel dirmi ciò il viso di Perla assunse un'espressione compassionevole, la stessa che aveva la mamma di Luca quando gli spiegava perché non doveva fare una determinata cosa. Poi Perla riprese il suo discorso. «Appena arrivate al mare tutte le microplastiche sono come te, anch'io ero uguale a te. Ognuna ricorda bene la propria missione e cerca disperatamente di uscire dall'acqua per tornare alla busta, alla bottiglia, al contenitore o al prodotto di plastica che prima chiamava casa. **Ma col passare del tempo, pian piano tutte si rendono conto che uscire da qui è veramente difficile.** Alcune dicono che è addirittura impossibile».

«Non è più così. **Gli umani hanno cominciato a tirar fuori le microplastiche dal mare.** Basta essere nel posto giusto al momento giusto!».

Tutti e tre ci girammo sorpresi verso quello che aveva parlato, Fiocco, che se ne stava tranquillamente disteso sulla sua improvvisata tavola da surf a prendere il sole e guardare il cielo con le mani intrecciate sotto la testa.

«Cosa stai dicendo?» era intervenuta Perla. «Io vivo nel mare da anni e non ho ancora visto umani tirar fuori qualcuno di noi».

«Perché non lo fanno tutti, solo quelli che chiamano scienziati» aveva ribattuto prontamente Fiocco, ma con una naturalezza e calma che indicava che non stava mentendo, solo non era interessato al tema in questione.

Perla era un po' scocciata dall'atteggiamento del suo amico: «E perché allora non hai detto niente?».

«Primo perché nessun me l'ha mai chiesto e secondo perché l'ho scoperto da poco, da qualche giorno. Ero con i miei altri amici, i *microplasticsurfer* e stavamo facendo una gara in mezzo alle onde quando abbiamo visto una barchetta da lontano. **In tutti questi anni non avevo mai visto una barca simile, con un lungo aggeggio dietro che termi-**

nava con una specie di rete. La barchetta si muoveva parallelamente alla spiaggia e periodicamente si fermava e gli umani che vi erano sopra tiravano su quello strano oggetto con attaccata la rete. Doveva essere pesante perché li vedevo fare molta fatica. Abbiamo pensato che la rete servisse per raccogliere pesci e per questo né io né i miei amici ci siamo preoccupati. Siamo passati in mezzo alle reti di pesca tante volte, anche solo per gioco, perché sappiamo che siamo troppo piccoli per le loro trame. Ma poi, inaspettatamente, **quando la barchetta ci è passata vicino, ha preso alcuni di noi.** Io sono riuscito a schivare la rete per un pelo, **ma quando mi è passata davanti ho visto che aveva catturato tante altre microplastiche.** È così che mi sono reso conto che gli umani stavano raccogliendo le microplastiche, anche perché **non le ributtavano in mare, se le portavano via in contenitori di vetro**».

«Evviva!» gridai contento. «Lo vedete amici che gli umani non si sono dimenticati di noi, sono venuti a prenderci! Sanno che siamo qui e hanno portato una rete per tirarci su tutti insieme! Vedi Perla? **Gli umani apprezzano noi plastiche e microplasti-**

che, piccole o grandi, e le nostre missioni!».

«Potresti proprio avere ragione Pelucco! Sei una microplastica molto fortunata: proprio il giorno in cui arrivi al mare gli umani cominciano a riscattarci» disse emozionata Bolle di Sapone.

«Fiocco, dicci subito dove hai visto la barchetta! Hai detto che era mattina? Allora dobbiamo cominciare a viaggiare subito se vogliamo trovarci sul loro percorso domattina. Immagino che gli umani non potranno perlustrare tutto il mare, ma solo alcune zone. Dobbiamo inventarci un piano per trovarli e assicurarci di entrare in quella rete». Perla, la professoressa, aveva ripreso speranza nella possibilità di uscire dal mare.

«Io non voglio uscire del mare» rispose Fiocco. «Qui sono felice e qui voglio rimanere. E anche voi dovreste rimanere».

«Perché? Non hai appena detto che gli scienziati hanno una rete che tira fuori le microplastiche dal mare?».

«Sì Pelucco, ma li ho visti solo quella mattina. Non sono più tornati, e non so se lo faranno».

«Uffa, le cattive notizie non finiscono mai» replicai scocciato ai miei nuovi amici. «Appena trovato un modo per uscire dal mare l'abbiamo già perso».

«Non preoccupatevi amici miei, ho la soluzione!» intervenne Bolle di Sapone. «Se è vero che gli scienziati ci tirano fuori dal mare, allora io conosco chi ci può aiutare!».

«Conosci una scienziata?» domandai a Bolle di Sapone pensando che se ci fosse stata zia Sofia avrei potuto domandarle aiuto, anche lei era una scienziata.

«Meglio ancora Pelucco. **Conosco una che ha lavorato con tanti scienziati!** Si chiama Tuga e sicuramente ci può dire dove trovarli e farci tirare fuori dal mare» ci disse ballando emozionata, muovendosi così tanto da far aumentare la quantità di bollicine che la circondavano.

«Benissimo, andiamo subito da Tuga» disse Perla cominciando a nuotare, anche se non sapeva ancora dove andare.

«Si si, andiamo subito» dissi anch'io emozionato. «Ciao Fiocco, è stato bello conoscere te e la tua missione. Mi dispiace tu non venga».

«Ciao Pelucco e ciao anche a voi ragazze! Buona

fortuna con le vostre missioni!» ci rispose Fiocco cavalcando la sua tavola da surf mentre si allontanava sparendo alla nostra vista fino a confondersi con il rosso del tramonto.

PLASTICA SULLA SPIAGGIA

della Dott.ssa Virginia Menicagli, PhD

Gli habitat costieri, come i sistemi spiaggia-duna, sono molto importanti perché proteggono la costa dalle mareggiate e ospitano molte specie viventi. Purtroppo, a causa della loro posizione tra mare e terra accumulano molti rifiuti plastici, come gli imballaggi per alimenti o le bottiglie. Una volta in questi habitat, le plastiche si impigliano nella vegetazione dove vi restano a lungo a causa della loro lentissima degradazione. Col tempo, possono essere seppellite nella sabbia o restare sulla superficie dove il calore e la luce del sole possono romperli formando microplastiche come Bolle di Sapone e Fiocco.
Le plastiche di grandi dimensioni e le microplastiche sepolte nella sabbia possono

alterare la temperatura e permeabilità di quest'ultima, danneggiando la crescita delle piante.

Gli scienziati hanno scoperto che nelle dune contaminate da plastica vi nasce un numero minore di piantine e quelle che riescono a sopravvivere crescono meno rispetto a quelle delle dune non contaminate. Questi rifiuti plastici non solo riducono la crescita delle "baby-piante", ma diminuiscono anche la capacità di colonizzazione delle piante adulte locali e favoriscono la diffusione di piante invasive. Recenti studi hanno inoltre dimostrato che la plastica può rilasciare sostanze tossiche nell'acqua riducendo ulteriormente lo sviluppo delle piante. Molti di questi effetti sono stati osservati sia con plastica biodegradabile che non. **È quindi molto importante non abbandonare nessuna tipologia di plastica nell' ambiente e raccogliere quella già presente.**

CAPITOLO 8
Un cuore che si restringe

Paf, Paf, Paf, Paf, Paf ... Paf, Paf, Paf, Paf, Paf ... era l'unico suono che le mie orecchie sentivano. Ero talmente felice per la possibilità di tornare a casa da Luca, che cominciai a nuotare rapidamente. Andavo talmente forte che le mie braccia e le mie gambe facevano quel buffissimo rumore ogni volta che entravano a contatto con l'acqua: paf, paf, paf, paf, paf...

Durante una pausa dalle mie bracciate, sentii provenire da lontano alcune frasi incomplete: «Hey

Pelucco

Pel...cco, aspettaaaaa! Non nuotar ...osì veloce!».

Mi fermai e guardai dietro di me: erano Perla e Bolle di Sapone che cercavano disperatamente di raggiungermi. Quando arrivarono al punto dove le aspettavo, le mie care amiche microplastiche erano tanto esauste da tirar fuori le loro linguine per l'estremo sforzo appena fatto.

«Caro Pelucco... abbi un po' di pietà per noi» mi disse Bolle di Sapone cercando di riprendere il fiato. «Io e Perla non possiamo nuotare così veloci come te!». Perla annuiva. La mia nuova amica non aveva ancora la forza necessaria per pronunciare anche solo una singola parola.

«Scusate amiche, mi ero lasciato trasportare dall'emozione! Perdonatemi, mentre nuotavo ero perso nei miei pensieri e la voglia matta che ho di tornare a casa mi ha spinto a nuotare più veloce che potevo».

«Ma se ... non sai nemmeno ...ove dobbiamo andare ...Pelucco! Ancora non sai dove ...bita ...Tuga, solo Bolle di Sa...ne lo sa!» riuscì a dirmi Perla con un po' di fiatone.

«Avete ragione, d'ora in poi nuoterò dietro voi.

Il viaggio della microplastica

Sono pronto per ripartire, dove andiamo?» chiesi alle ragazze mentre mi mettevo nella stessa posizione che usano i nuotatori alle olimpiadi. So farlo perché ho guardato qualche video al computer. Il babbo di Luca era un appassionato di nuoto e spesso noi tre guardavamo dei video delle corse di nuoto insieme.

«Credo che per adesso sia meglio fermarci Pelucco. È già sera e questa notte si profila particolarmente buia. Guarda com'è nuvoloso il cielo. Oltre al fatto che non c'è la luce né delle stelle né della luna, quelle nuvole mi preoccupano un po'» disse Bolle di Sapone.

«Perché ti preoccupano le nuvole?» le domandai guardando il cielo. Per me un cielo nuvoloso era solo un cielo nuvoloso e non avevo motivo di preoccuparmi.

«Perché non vorrei arrivasse una brutta tormenta, una di quelle forti che agitano tanto il mare da far paura» puntualizzò Bolle di Sapone ispezionando attentamente il cielo. Sembrava un detective alla caccia di quegli indizi che ti permettono di risolvere un mistero. Per Bolle di Sapone, il mistero riguardava l'evolversi di quelle nuvole. **«Sai, il mare quand'è agitato fa tante onde e così grandi che potrebbero separarci.** Propongo di rimanere qui tutti insieme e aspettare che passi la tormenta».

«Ma se non sta nemmeno piovendo!» le risposi stendendo le mie braccia per verificare se cadeva qualche goccia dal cielo. «Credo che tu abbia proprio troppa paura delle tormente, cara mia».

«Credo che Bolle di Sapone abbia ragione Pelucco. Forse è meglio aspettare domattina e ripartire con la luce del sole e con il cielo pulito, senza nuvole che portano tormente. **Ti assicuro che le tormente del mare non sono piacevoli per noi microplastiche**, fidati» mi disse Perla con un'espressione tanto seria da farmi capire che quello che mi stava dicendo era importante. Allo stesso tempo Bolle di Sapone annuì per confermare che dovevamo fare attenzione.

«Guardate amici, là c'è un rametto! Possiamo raggiungerlo e aspettare che si faccia giorno» disse Bolle di Sapone indicando un rametto che galleggiava vicino a noi con ancora qualche foglia attaccata.

«Va bene, aspettiamo» risposi rassegnato. Non avrei mai immaginato che trasportarsi nel mare sarebbe stato così complicato per delle microplastiche come noi, ma le mie amiche vivevano nel mare già da tempo e dovevo fidarmi della loro esperienza.

Raggiunto il rametto, salimmo e ci preparammo per il riposo. Stesi sul rametto, Bolle di Sapone diede a ognuno un pezzettino di foglia da usare come coperta improvvisata. Cercai di dormire subito e di riposarmi per bene, perché la mattina seguente volevamo ripartire all'alba con i primi raggi del sole. Il sonno non si fece attendere, non c'era niente di interessante da guardare, né le stelle né la luna. Mi addormentai immaginando la faccia contenta di Luca nello scoprire che ero tornato nel maglione per svolgere la mia missione di tenerlo al caldo.

«Ehi! Sveglia, è ora di partire!» disse Perla felice. «Ragazzi, guardate che cielo: limpido, azzurro, pulito e senza nuvole! Giornata ideale per andare a trovare Tuga!».

«Io sono pronto» risposi con la mia solita posizione di partenza, in bilico sul rametto in attesa del suono immaginario del fischietto, quello che nelle gare degli atleti determina il momento esatto della partenza dai blocchi.

«Benissimo, seguitemi. Tuga di solito si trova non molto lontana da qui, per noi microplastiche a più o meno un paio d'orette di nuoto» ci disse Bolle di Sapone, già tuffatasi in acqua.

Prima di partire dietro alle mie amiche, guardai bene le espressioni dei loro volti e mi resi conto che anche loro erano impazienti di tornare alle loro case per svolgere di nuovo le loro missioni. Quella soleggiata mattina, noi tre microplastiche felici intraprendemmo un (speravo non lunghissimo) viaggio di ritorno a casa, nel luogo dove eravamo stati più felici dando il nostro contributo al mondo. "Luca, sto arrivando!" dissi tra me e me buttandomi in acqua.

Come promesso da Bolle di Sapone, dopo un paio di orette, sentii dirle: «Guardate ragazzi, Tuga è proprio lì! Qualche bracciata in più e ce la troveremo di fronte».

Felice di sentire finalmente la frase che aspettavo da ieri, aumentai le mie bracciate fino a superare e distaccare le mie amiche. Trovatomi in testa alla fila indiana usata per quel viaggio, guardai dappertutto per scovare Tuga. Pur osservando con estrema cura in tutte le direzioni non vidi nessuno, perciò mi fermai confuso: la famosa microplastica chiamata Tuga non c'era.

"Ho capito!" pensai. **"Tuga deve essere una di quelle nanoplastiche di cui mi ha parlato Perla**, quelle plastiche talmente piccine che anche noi microplastiche facciamo fatica a vedere. Che delusione! Se Tuga è tanto piccina, come farò a intraprendere una conversazione con una nanoplastica invisibile, se non riesco nemmeno a vederla?" mi domandai continuando a guardare ovunque, con la speranza di essermi sbagliato e di trovare finalmente la famosa microplastica che forse non avevo visto per l'emozione e la fretta di parlarle. Ma niente, Tuga non si vedeva da nessuna parte. "Mmm... forse Bolle di Sapone sa come fare, visto che lei la conosce già. O forse quelle buffe bollicine che la circondano le danno dei poteri speciali, poteri che noi microplastiche senza detersivo non abbiamo! Ecco come fa a vedere e parlare con le nanoplastiche! Si, sono convinto che quella sia la ragione per cui non vedo Tuga!" pensai emozionato e orgoglioso del mio intelligente ragionamento.

Mi girai per guardare a che punto erano le mie amiche. «Dai ragazze, nuotate più veloci, ho bisogno che Bolle di Sapone cominci subito a parlare con Tuga!» urlai con tutto il fiato che avevo in gola. "Cavolo! Quelle due microplastiche sono davvero lente confronto a me" pensai mentre aspettavo pazientemente il loro arrivo.

«Caspita Pelucco, come fai a nuotare così tanto veloce? È perché sei un filino? Sei più acquadinamico?» mi domandò Perla non appena mi fu vicina e di nuovo con la linguina fuori.

«Acqua cosa?» risposi guardandola con espressione confusa.

Bolle di Sapone intervenne in mio aiuto. «A Perla la Professoressa piace sempre tirare fuori delle strane parole, ma **credo che a volte se le inventi.** E tu Pelucco, perché mi stai aspettando? Non sai cosa chiedere a Tuga?».

«Certo che so cosa chiederle, ma ti aspetto perché solo tu puoi vedere e parlare con Tuga, la nanoplastica invisibile!».

Perla e Bolle di Sapone mi guardarono e scoppiarono in una fragorosa risata. Bolle di Sapone cercò di parlare ma non vi riuscì, ricominciò a ridere e stavolta ancora più forte. Anche Perla non riusciva a smettere e rideva così tanto che essendo una sferetta iniziò a girare sul suo asse. Era una situazione buffa: tutte le volte che rideva con la faccia sott'acqua, faceva piccole bollicine che si confondevano con quelle di Bolle di Sapone.

Il loro riso fu tanto contagioso e ancor più quella scena, che mi ritrovai anch'io a ridere: era davvero una situazione spassosa. «Cos'ho fatto di così divertente?» domandai alle mie amiche mentre mi asciugavo le lacrimucce dagli occhi. Non ridevo così tanto da quel giorno nel parco con Nerone, il cane delle capriole.

«Pelucco, perché pensi che Tuga sia una nanoplastica?» mi domandò Perla anche lei intenta ad asciugarsi le lacrime.

«Perché Bolle di Sapone ha detto che siamo proprio davanti a lei ma io non la vedo! Ho guardato dappertutto ma non la trovo. Tu mi hai detto che le nanoplastiche sono plastiche molto piccole, praticamente invisibili, quindi Tuga dev'essere per forza una nanoplastica e per questo motivo non la vedo!».

Pelucco

«**Davvero non vedi la gigantesca tartaruga che adesso è proprio dietro di te?**» mi domandò Bolle di Sapone mentre indicava un punto dietro le mie spalle.

Mi girai molto lentamente e finalmente la vidi. Era lì l'impressionante tartaruga a cui si riferiva Bolle di Sapone! Era enorme! In tutta la mia vita non avevo mai visto un animale così gigantesco! Per me Miele e Nerone erano già esseri molto grandi, ma Tuga era un essere ancor più grande di loro. Guardandola, capii il motivo per il quale prima non l'avevo trovata: cercavo una microplastica o una nanoplastica, ma Tuga era una tartaruga! Pensai a quant'ero stato sciocchino, ma l'importante adesso era averla trovata.

«Ciao Pelucco! Ho sentito che Bolle di Sapone e Perla ti chiamavano così. Hai proprio un bel nome» mi disse Tuga guardandomi sorridente.

«Grazie signora Tuga, lei è molto gentile!» le risposi intimorito dalla sua mole. Anche se sembrava molto gentile, decisi comunque di parlarle con molto rispetto. A scuola con Luca avevo imparato che le tartarughe sono animali straordinari e molto speciali che possono vivere più di 100 anni. Riflettendo arrivai alla conclusione che **potevo considerare Tuga l'equivalente marino delle persone anziane e sagge** come, per esempio, nonna Anna.

«Caro Pelucco, puoi chiamarmi semplicemente Tuga. Così mi chiamano gli amici, e gli amici di Bolle di Sapone sono anche amici miei. Da quanto tempo sei qui nel mare?».

«**Sono arrivato ieri dopo essermi staccato dal mio maglione durante un lavaggio in lavatrice.** E sono impaziente di uscire dal mare e tornare a casa. Sai Tuga, io **sono una fibra microplastica di poliestere e la mia missione è tenere i bimbi al calduccio**» le risposi orgoglioso.

«Ma caro Pelucco, **le microplastiche non escono da sole dal mare.** Quelle che escono vengono aiutate, ma la maggior parte non ha questa fortuna e resta qui, intrappolata in questo immenso mare» rispose Tuga.

«Non è più così, cara Tuga» disse Bolle di Sapone agitando le braccia. «Abbiamo delle bellissime notizie! **Fiocco ci ha raccontato che ha visto degli**

scienziati tirar fuori le microplastiche dal mare. Lo fanno con l'aiuto di una barchetta e una strana rete che si trascinano dietro. Appena abbiamo sentito queste notizie, ci siamo organizzati per venire a trovarti!».

«Non capisco. Perché siete venuti proprio da me?».

«Perché conosci degli scienziati! Hai lavorato con tanti di loro e sai dove trovarli e se ci dici dove sono, possiamo andare a cercarli. **Con la loro strana rete ci porteranno fuori dal mare e torneremo sulla terra, dove avremo nuove occasioni per svolgere le nostre missioni.** Non è meraviglioso, Tuga? Finalmente potremo tornare a casa!» rispose Perla.

Tuga attese un momento, poi ci guardò e si commosse. «Cari amici miei, mi dispiace dirvelo ma non credo che gli scienziati che Fiocco ha visto stiano tirando fuori le microplastiche dal mare per farle tornare a compiere le loro missioni».

«E perché no?» chiese Perla con voce delusa. «Per quale altro motivo vorrebbero tirarci fuori, allora?»

«**Per fare delle ricerche scientifiche.** Nel tempo che ho passato con loro e dai discorsi che facevano, **credo che recuperino alcune microplastiche come oggetti di studio».**

«Cosaaaaaa? Perché gli scienziati vorrebbero studiarci?» risposi prontamente a Tuga. «A scuola ho visto bimbi studiare matematica, italiano o biologia, ma **non gli ho mai visto fare una lezione o un compito sulle microplastiche».**

«Quando la mia amica scienziata cominciò a parlarmi di queste nuove plastiche scoperte recentemente nel mare, chiamate microplastiche, ci conoscevamo già da tempo. **Mi disse che prima di quegli anni nessuno sapeva che erano lì e che quindi i libri di scuola dovevano essere aggiornati per includere le microplastiche tra i loro argomenti»** rispose Tuga.

«Quindi prima nessuno ci conosceva?» domandai stupito. «Ehi ragazzi, forse per questo motivo gli scienziati stanno studiando le microplastiche! Forse quando ci conosceranno meglio ci aiuteranno a tornare a casa e potremo finalmente ricominciare a svolgere le nostre missioni» dissi emozionato a tutti. Perla e Bolle di Sapone annuirono allo stesso tempo dimostrando che erano d'accordo con me.

«Scusate ragazzi, vedo che non mi sto spiegando bene e vi sto solo confondendo. Conosco bene gli scienziati, ho vissuto con loro in un centro di riabilitazione. **Sono arrivata lì perché ero rimasta intrappolata in una rete da pesca abbandonata e loro mi hanno liberata.** Da quel giorno loro si sono presi cura di me e mi hanno aiutato a tornare in forma per poter ritornare nel mare» ci spiegò Tuga. «Durante quegli anni ho imparato tante cose sugli scienziati e una di quelle è che sono persone che quotidianamente amano quello che fanno: la ricerca scientifica. **Col tempo ho capito che ricerca significava studiare qualcosa di sconosciuto.** Alcuni degli scienziati di quel centro studiavano noi tartarughe, perché in alcuni aspetti siamo esseri ancora sconosciuti per gli umani. **Ma altri scienziati, come la mia cara amica, studiavano la contaminazione presente nel mare».**

«Contaminazione presente nel mare? Cos'è la contaminazione?» chiesi a tutti.

«Una maniera semplice per capire cos'è la contaminazione marina è pensare a tutto quello che è presente nel mare, ma che non dovrebbe

essere lì perché non è il suo posto, non è il posto per cui è stato progettato» rispose pazientemente Tuga. «Per esempio, caro Pelucco, pensa agli oggetti di plastica come le reti da pesca abbandonate e le bottiglie per bevande vuote. Non sono oggetti creati per finire nel mare. Lo stesso vale per tutto l'ambiente, tutti quei posti che Mamma Natura ci ha dato per vivere: fiumi, boschi, montagne, laghi e così via».

«Ho capito Tuga. Ma cosa c'entra questo con noi tre?» chiesi impaziente.

«Che anche voi state nel mare, ma non dovreste essere qui» rispose Tuga con sguardo compassionevole. «Per questo motivo la mia amica scienziata ha cominciato a parlare di voi. Prima la sentivo parlare di metalli o coloranti, poi ha aggiunto le plastiche alle sue ricerche e infine, qualche anno fa, ha aggiunto anche voi microplastiche».

«Wow! La tua amica è veramente intelligente» risposi a Tuga. «Lei sapeva già che noi microplastiche non possiamo svolgere la nostra missione nel mare, sapeva che dobbiamo essere sulla terra. Forse è per questo che lei diceva che non dovevamo essere qui».

Mi girai per ottenere di nuovo l'approvazione di Perla e Bolle di Sapone, ma questa volta nessuna di loro annuì e anzi pareva stessero per iniziare a piangere.

Stavo per domandare perché erano tristi, quando Tuga ricominciò. «No caro Pelucco, scusami, ti sto confondendo di nuovo. La mia amica sapeva delle vostre missioni, questo sì, ma quello non la preoccupava. **Per lei, il grande problema è che voi microplastiche contaminate il mare»**.

«Come? Noi microplastiche contaminiamo il mare? Cosa vuol dire?».

«Vuol dire **che voi, cari amici, fate del male a molti di noi animali marini che viviamo qui.** La vostra presenza, anche se involontaria, cambia le caratteristiche del nostro habitat, del nostro cibo e infine della nostra salute. **Significa che voi danneggiate il mare e tutte le creature che ci abitano»** mi rispose Tuga con un'espressione cupa.

Aspettai qualche secondo pensando fosse uno scherzo e attesi per una bella risata di gruppo che però non arrivò. Nessuno rise e guardando Perla e Bolle di Sapone notai che piangevano copiosamente, a volte anche singhiozzando. Annuivano con la testa, ma stavolta per dare ragione a Tuga. **Il mio cuore si restrinse.** Non potevo crederci. Guardai ancora le mie amiche con occhi supplicanti sperando che quello sciocco scherzo finisse a breve. Quando vidi Perla che accennò a prendere la parola, il mio cuore si riempì di nuovo di speranza. Perla la Professoressa stava per dire alcune parole riguardo all'assurdo discorso di Tuga la tartaruga sulle microplastiche che fanno del male al mare e agli animali marini. Ben presto scoprii che purtroppo mi sbagliavo.

«Sai Pelucco, non ti voglio spaventare e neanche farti sentire in colpa, ma Tuga ha proprio ragione. **Gli abitanti del mare, come il plancton, i pesci, le tartarughe e gli altri organismi marini ci mangiano e, senza volerlo, possono asfissiarsi o addirittura morire, solo per averci ingerito**»[16] disse Perla con le lacrime agli occhi.

Se possibile, il mio cuore si restrinse ancora, ma anche se sconvolto non potevo credere a tutto quello che mi veniva detto. «No Perla, non è vero! Chi ti ha raccontato quelle cose assurde non è una microplastica come noi, è una tartaruga che non conosce le nostre missioni. Noi siamo venuti al mondo per proteggere gli umani e per curarci di loro e di tutto quello che amano! Non siamo qui per danneggiare nessuno! **Non siamo qui per danneggiare Mamma Natura, ma per proteggerla!**».

«Nessuno mi ha raccontato niente. **Io stessa ho vissuto le cose che ti sto dicendo**» mi confidò Perla. La sua tristezza era dipinta in volto e sembrava anche provar vergogna per aver fatto del male a tutti quegli animali marini.

«Non ti credo! Non credo a nessuno di voi due!» risposi arrabbiato. Mi girai verso Bolle di Sapone, l'unica che ancora non aveva parlato, ma che continuava imperterrita a piangere.

«Caro Pelucco, devi sapere che io e altre microplastiche simili a me facciamo molto male, è vero» disse Bolle di Sapone fermando un attimo il suo pianto mentre io scuotevo la testa ritmicamente ma senza riuscire a pronunciare la parola "NO". «Vedi le bollicine che costantemente mi circondano? Quelle che tu pensavi che servivano per divertire i bimbi? Beh no! Quelle bollicine non divertono nessuno, anzi, **se per sbaglio vengo mangiata da un pesce il deter-**

sivo che porto con me, tossico per lui, gli fa del male! [17] Gli faccio venire un fortissimo mal di pancia e non c'è niente ch'io possa fare per aiutarlo!».

Il mio cuore si restrinse ancora di più, così tanto che non sapevo come avrei fatto a sopportare tanto dolore, specialmente vedendo soffrire così tanto le mie amiche.

«Ci dispiace Pelucco, ma tu, essendo una microplastica, farai esattamente le stesse cose che fanno tutte le microplastiche agli animali marini mentre rimarrai qui nel mare e di conseguenza, anche tu danneggerai il mare!» mi disse Tuga.

Dopo queste ultime parole, giunte alle mie orecchie come una triste e dolorosa sentenza, il mio cuore si ruppe definitivamente. Lo sentii benissimo dentro di me, nel profondo del mio essere. Sentii come se si stesse sbriciolando in piccoli pezzettini di un puzzle impossibile da ricostruire. Poi successe: avvertii un'altra peculiare sensazione che qualcosa mi stesse abbandonando, che si stesse staccando dal mio corpo per volare via, lontano da me. **Quel** giorno ciò che mi abbandonò non fu il cuore, ma la mia convinzione che noi microplastiche fossimo buone per il mondo, per gli animali, per gli umani, per i bimbi.

«Ma io sono buono» dissi con un filo di voce. La paura, la vergogna, la tristezza bloccavano la mia voce, le parole uscivano a stento: **«Non sono venuto nel mare per far male agli animali marini, ve lo posso assicurare ragazze.** Io, io, ...» feci una lunga pausa per prendere fiato «sono nato con una nobile missione: proteggere i bambini dal freddo! Non m'immagino facendo del male agli animali. Io non ho mai fatto del male a nessun animale. Mia zia ha un cane e non gli ho mai fatto nulla». Li guardai con gli occhi pieni di lacrime: **«Dimmi Tuga, com'è possibile che un essere che ama tanto gli umani, possa fare tanto danno allo stesso tempo?»**.

«Pelucco stai tranquillo, sappiamo che non vuoi far male a nessuno, nessuna microplastica lo vuole» mi disse Tuga con la voce più compassionevole che avessi mai sentita finora, ancora più di quella che Nonna Anna usava per consolare Luca quando si faceva male giocando e non smetteva di piangere.

Il viaggio della microplastica

«Ma adesso che vivi nel mare è importante che tu sappia cosa puoi provocare agli animali marini. Io lo so che **tu non sei qui perché lo desideri, ma perché come tutte le altre microplastiche che sono arrivate al mare prima di te, sei finito qui perché la plastica non è stata usata in maniera corretta dagli umani.** Sono loro i responsabili di questo problema, non tu. **La responsabilità di tenere i mari liberi dalle microplastiche è dei nostri amici umani, non nostra»**.

Stavo male, davvero male. "Doveva esserci un errore!" pensai. "Era possibile che non ci fosse niente da fare? **Dov'erano gli umani? Cosa stavano facendo per rimediare a quell'orribile problema?** E cosa stavamo facendo noi microplastiche per aiutarli?". Ecco! Avevo appena avuto una bella idea! Noi microplastiche che aiutiamo l'ambiente! Sentii come se il mio cuore si stesse nuovamente ricomponendo.

Dovevo fare qualcosa per rimediare subito e per questo domandai loro come mi dovevo comportare, cosa potevo fare per aiutare gli esseri marini. «Allora una fibra microplastica come me cosa può fare per risolvere questo problema?»

«Cerca di stare il più lontano possibile dagli animali marini» risposero Perla e Bolle di Sapone allo stesso tempo.

«Ma no! Io voglio proprio aiutare! **Voglio tirare fuori tutte le microplastiche dal mare, così gli animali marini come Tuga o i pesci non dovranno più preoccuparsi per noi!**» risposi.

«Mmm...non ho mai visto microplastiche fare qualcosa per risolvere questo problema, Pelucco. Siete troppo piccine. Anch'io vengo considerata piccina in confronto a questo grande problema. Non saprei cosa dirti» disse Tuga.

"Ecco, Tuga la pensa come Fiocco" pensai. "Il problema della plastica è degli umani, noi esseri piccini non possiamo farci niente".

«Ragazzi ci penserò e **qualcosa mi verrà in mente**, vedrete. **Lo prometto a voi e a Mamma Natura**» risposi fingendo di mettermi seduto a pensare.

«Per adesso dobbiamo riposarci, Pelucco. È già sera e oggi è stata una giornata impegnativa per tutti, specialmente per te» disse Perla.

Il viaggio della microplastica

Tuga ci offrì il suo guscio per passare la notte. Perla e Bolle di Sapone si addormentarono subito, ma con tutte quelle nuove e bruttissime informazioni sulle microplastiche, io non riuscii a dormire e mi agitai costantemente. Tuga se ne rese conto e mi domandò cos'avevo.

«Non riesco a dormire. La situazione di noi microplastiche nel mare e nell'ambiente è troppo brutta per poter dormire. Non so proprio come salvare il mare».

«Comincia col rilassarti. Dalla mia amica scienziata ho imparato che è **difficile risolvere problemi se sei ansioso o stressato**» mi rispose Tuga. «Ehi Pelucco, per tirarti un po' su di morale vuoi che ti racconti come ho conosciuto la mia cara amica scienziata? È una bella storia e sono sicuro che ti piacerà!».

«Si dai, ti prego!» le risposi emozionato. Avevo proprio bisogno di sentire una bella storia in quella difficile e triste giornata.

«Me lo ricordo benissimo, come se fosse ieri. Ero nel giardino dell'immenso acquario che avevano costruito per noi tartarughe in riabilitazione. Mi piaceva nuotare sotto una finestra dalla quale usciva sempre musica: era il suo ufficio e lei spesso cantava mentre lavorava. A me piaceva tanto la sua voce e credo che se ne rese conto, perché dopo un po' iniziò coll'aprire la finestra la mattina quando arrivava nel suo ufficio per canticchiarmi un motivetto che si era inventata per salutarmi. **È lei che mi ha battezzata Tuga.** I suoi colleghi ridevano quando, dopo il pranzo, diceva loro che doveva andare a trovare la sua amica Tuga la tartaruga. Abbiamo passato tanto tempo insieme, sempre alla sua finestra. Lei mi raccontava delle sue ricerche, delle sue scoperte e dei suoi problemi. **Veniva alla finestra e mi diceva "Eureka, Tuga, eureka" ogni volta che scopriva qualcosa di interessante**, o mi raccontava quando le capitava qualcosa che gli umani considerano fallimenti. Ma la cosa che più mi piaceva era quando mi parlava della sua famiglia: sua mamma le cucinava un piatto che lei adorava, i tortellini e la sua cagnolina Miele, che considerava come una figlia, l'aspettava pazientemente a casa tutte le sere».

"Che strano" pensai. "Anch'io conosco una cagnolina chiamata Miele, dev'essere un nome per cani molto comune". Stavo per raccontare a Tuga questa strana coincidenza quando mi accorsi che era talmente immersa nei suoi ricordi che non aveva ancora smesso di parlare.

«...ha anche un nipotino di dieci anni che l'estate scorsa è venuto a conoscermi, si chiama Luca».

«Che strano Tuga, anch'io conosco un Luca e una Miele! Come si chiama la tua cara amica?» le chiesi curioso.

«**Sofia. La mia amica si chiama Sofia.** E come lei amava definirsi, **è una scienziata del mare**».

Kra-koom! Un forte rumore accompagnato da una luce lampeggiante spaccò il cielo a metà e il mare cominciò ad agitarsi forte, allontanandomi da Tuga e dalle mie amiche microplastiche.

La tormenta tanto temuta da Bolle di Sapone era arrivata.

LE PRATERIE DI PIANTE MARINE

della Dott.ssa Virginia Menicagli, PhD

Le praterie di piante marine sono al sicuro dall'inquinamento da plastica?
Purtroppo, la risposta è no!
Gli scienziati hanno scoperto che diverse specie di piante marine possono essere danneggiate dai rifiuti di plastica, sia da quelli di grandi dimensioni come le bottiglie o le confezioni per alimenti, che dalle microplastiche o perfino dalle nanoplastiche. Questo è un problema perché le piante marine sono fondamentali per l'ecosistema: aiutano ad attenuare le onde, mantengono l'acqua limpida e ospitano animali come pesci e ricci di mare.

Scienziati di diverse parti del mondo hanno scoperto che le piante marine possono accumulare i rifiuti di plastica nei fondali dove vivono.

Questi rifiuti possono cambiare il loro habitat modificando i pH e la quantità di ossigeno del fondale, e ridurre il numero di alghe e animali presenti. Inoltre, se sepolti nel fondale, le plastiche possono causare un cambiamento nella crescita di una specie di pianta marina, rendendo le praterie più rade e permettendo alle alghe invasive di crescere. Anche le microplastiche e le nanoplastiche possono causare problemi alle piante marine: l'ipotesi è che determinino la caduta delle loro foglie e riducano la loro capacità di fare la fotosintesi. Questi effetti potrebbero essere dovuti all'accumulo di microplastiche sulle superfici delle piante o all'ingresso delle nanoplastiche all'interno delle piante stesse.

Per tali motivi dobbiamo evitare che i rifiuti di plastica arrivino a questi habitat.

CAPITOLO 9
Il miracolo

Luci che spaccavano il cielo, rumori spaventosissimi simili al ruggito dei leoni dei documentari della National Geographic. Onde gigantesche mi portarono prima da una parte e poi dall'altra. Feci fatica a rimanere in superficie, ma dovevo a tutti costi rimanervi perché stavo ancora cercando le mie amiche. **Fin dal primo tuono le correnti mi separarono da Tuga, Perla e Bolle di Sapone.** Cominciai a disperarmi, non volevo star da solo in mezzo a quella tormenta.

Pensai che sarebbe stato più sicuro rimanere sotto la superficie per allontanarmi da quelle gigantesche gocce che cadevano dal cielo. "Cosa potrebbe esser peggio che rimanere sopra la superficie al mare in mezzo a una tormenta?" pensai. L'avrei scoperto molto presto.

Non appena mi tuffai **sotto la superficie scoprii un mondo nuovo, pieno di oggetti di plastica, alcuni molto sporchi, altri un po' meno.** Giravano di qua e di là come girano i vestiti dentro la lavatrice. **Tutti quegli oggetti di plastica facevano sembrare il mare una pattumiera, un'immensa pattumiera gigante.** Con la luce intermittente provocata dai lampi, il raccapricciante paesaggio sembrava il set di un film di Halloween.

Ma non eravamo soli. **L'ultimo lampo mi fece vedere una miriade di puntini. Piccoli puntini di svariati colori.** Ce n'erano così tanti che non capivo come avevo fatto a non vederli prima. **Quando le correnti mi fecero avvicinare a quella zona, capii cos'erano: microplastiche.** Le altre microplastiche, quelle di cui parlava Tuga, quelle che non dovevano essere nel mare, come anche i residui di plastica più grandi.

Vidi come le correnti le muovevano. No, mi correggo, vidi e vissi sulla mia pelle come le correnti provocate dalla tormenta ci muovevano. **Alcune microplastiche rimanevano sospese come me sotto la superficie, altre venivano travolte dalle onde o rimanevano intrappolate nei sedimenti marini.**[16] Tutte noi non avevamo alcuna possibilità di uscire da quell'incubo, eravamo soggette all'inclemenza del meteo. Aveva ragione Perla. Le tormente nel mare non erano piacevoli per noi microplastiche. Non mi restò altro da fare che aspettare la fine della tormenta, fine che tardò quasi un giorno intero.

Dopo la tormenta mi sembrò che il mare cominciasse pian piano a calmarsi. Ero ancora un po' impaurito da quella brutta esperienza. Avevo ancora in mente quelle luci che sembravano spaccare il cielo e mi pareva di sentirlo ancora ruggire con quei forti rumori che mi facevano tremare ogni volta che inaspettatamente apparivano dal nulla.

Pensai di nuovo alle mie amiche microplastiche:

Pelucco

Perla, Bolle di Sapone e Fiocco. Chissà dove le avevano portate le correnti e chissà se anche loro avevano avuto tanta paura come quella che avevo avuto io. Perla mi aveva raccontato che era dispersa nel mare da diversi anni e quindi forse lei si era abituata alle tormente. A Fiocco piacevano le onde ed era un avventuriero, forse lui si era addirittura divertito a cavalcare le paurose onde delle tormente. Ma ricordo che Bolle di Sapone aveva timore delle tormente e di sicuro avrà avuto molta paura.

Per fortuna che l'acqua stava diventando sempre più calma e questo mi aveva permesso di tornare in superficie. Quando uscii mi soffermai a guardare il tramonto: le nuvole nere della tormenta erano sparite e al loro posto avevano lasciato un cielo dipinto di blu, rosa, arancione e giallo.

Che vista meravigliosa!

Fu così bella che mi mise subito di buon umore facendomi dimenticare la paura della tormenta. Pensai che anche a Luca sarebbe piaciuto vedere il tramonto nel mare e mi sarebbe piaciuto tanto condividere questo momento con lui. Certo, pensandoci bene questa cosa sarebbe stata quasi impossibile visto che i maglioni con le renne si usano solamente in posti freddi e non in spiaggia dove normalmente la gente va quando fa caldo.

Luca, mio caro amico. Quando pensavo a lui inevitabilmente la tristezza prendeva possesso delle mie emozioni. La mia vecchia vita mi mancava, mi mancava la scuola, le passeggiate, i giochi, i video su YouTube e naturalmente la mia mamma e i miei amici pelucchi. Ma quel bambino forse mi mancava più di tutti, perché inconsapevolmente gli avevo fatto una promessa: quella di proteggerlo dal freddo durante le stagioni invernali, che sarebbero ciclicamente tornate ogni anno.

E lì in mezzo al mare, mentre il tramonto scendeva alle mie spalle, qualcosa fece sparire la mia felicità e intristire il mio cuore: la bellissima spiaggia di prima, quella con la terra chiara che l'altro giorno volevo usare per uscire dal mare, era sparita! Al suo posto una scena spaventosa degna di un film dell'orrore mi si era parata davanti: **come nel mare in mezzo alla tormenta, la spiaggia era diventata una pattumiera gigante! Piena di rifiuti sparsi di qua e di là, ovunque.**

Pelucco

"Come poteva essere successa questa cosa?" mi domandai tentando di conservare ancora un briciolo di speranza, illudendomi di non aver visto bene, d'essermi sbagliato. Dato che ero lontano e non riuscendo a identificare con chiarezza ognuno degli oggetti accumulati nella sabbia, usai le mie manine per migliorare la "messa a fuoco dell'agghiacciante scena che vedevo da lontano. Appena vidi bene, mi pentii subito e desiderai non averlo fatto. Mi resi conto della triste realtà. No! Un'altra triste realtà!

Nel profondo del mio cuore non v'erano più spazi né per il dubbio, né per la speranza. **Adesso era chiaro: ciò che stavo guardando erano rifiuti di plastica. Rifiuti di plastica sparpagliati per tutta la spiaggia. La spiaggia non era più quella di prima perché la tormenta l'aveva riempita di rifiuti.**

Pensai che le tormente non erano tra le cose che mi piacevano. Non solo erano terribilmente spaventose e rumorose, ma anche responsabili di trasformare bellissime spiagge in orribili pattumiere giganti.

Mi arrabbiai. Mi arrabbiai tanto!

Il viaggio della microplastica

La tormenta aveva convertito la spiaggia in un disordinato magazzino di cose inutili, **un posto dove i rifiuti andavano a sostituire la bellezza e la salute di Mamma Natura.**

Non bastava un mare pieno di plastica e di microplastiche dannose?

Adesso il mondo doveva tenersi pure una nuova spiaggia pattumiera?

La rabbia mi spinse a prendere una decisione importante: dovevo fare subito qualcosa. **Non potevo lasciare che Mamma Natura si riempisse sempre più, sia fuori che dentro al mare, di tutti quei rifiuti che nessuno voleva.** Anche se Tuga e le altre microplastiche non avevano idee per salvare il mare e le spiagge, io mi sarei inventato qualcosa. Dovevo farlo!

Iniziai subito cominciando a nuotare verso la spiaggia. Se volevo risolvere il problema dovevo arrivare là il prima possibile per valutare la situazione.

Bracciata dopo bracciata pensai che con le mie limitate dimensioni mi sarei messo una vita per poter finalmente camminare sulla sabbia. Ma la distanza dalla mia meta non doveva fermarmi: dovevo arrivare alla spiaggia per capire cosa potevo fare per risolvere quel problema.

Dopo parecchie ore di nuoto arrivò la notte e dubitai della decisione presa alcune ore prima: non mi ero avvicinato tanto alla spiaggia.

Mentre nuotavo, ripetevo a me stesso "Pelucco, sei talmente piccino che la maggior parte degli esseri viventi fatica a vederti. Cosa potrà mai fare un minuscolo esserino come te per risolvere un problema così grande come una spiaggia trasformata in una pattumiera e un mare pieno di microplastiche?"

Mi fermai a riflettere. **L'insicurezza provocata dalla consapevolezza delle mie dimensioni mi stava giocando brutti scherzi.**

Guardai il mare infinito. Guardai il cielo stellato, anch'esso infinito. Guardai di nuovo la lontana ex spiaggia tramutata in pattumiera, con tutti quegli oggetti di plastica tanto grandi che neanche volendo le mie piccole mani sarebbero riuscite a prenderli. Questo significava che, anche se fossi riuscito ad arrivare a riva, non avrei mai potuto prendere nessuno di quegli oggetti per portarli via dalla spiaggia.

Il viaggio della microplastica

Il mio cuore provava sempre più sconforto. **Ero tanto piccino e il problema della plastica e delle microplastiche nel mare era invece così grande** che miei occhi ricominciarono a gonfiarsi di lacrime.

Quel mondo, dove non avevo scelto di vivere, era un mondo immenso, **un mondo che sembrava fatto dai grandi per i grandi e dove solo loro decidevano le cose da fare o da cambiare.**

Mi resi conto sempre più di quanto potevo essere insignificante. Come potevo cambiare quel mondo di giganti, se proprio quel mondo non riusciva neanche a vedermi? Ingannavo me stesso quando dicevo ai miei amici che potevo pulire il mare tutto da solo?

Pensai che forse era vero quello che avevano detto Fiocco e Tuga. "Noi esseri molto piccoli non potremo mai fare qualcosa per combattere la presenza di plastiche e microplastiche nel mare. **Semplicemente, è un problema troppo grande per noi**".

Mi arresi all'evidenza e con gli occhi pieni di lacrime decisi che sarebbe stato meglio mettermi da parte, lasciando fare tutto ai grandi, agli umani grandi. L'indomani sarei andato a cercare le altre microplastiche e mi sarei rassegnato a vivere con loro nel mare, cercando di fare il minor danno possibile agli animali e a tutti gli altri esseri viventi che abitavano nell'acqua. Mi addormentai pieno di sconforto, guardando un'ultima volta la spiaggia pattumiera prima di chiudere gli occhi, **ormai certo che non avrei potuto far niente per combattere i rifiuti marini.**

La mattina seguente furono i primi raggi del sole a svegliarmi. Decisi di dare un ultimo sguardo alla spiaggia pattumiera, prima di andare a cercare le altre microplastiche. Stavo quasi per andarmene, quando vidi qualcosa di strano. **Una bimba piccina assieme alla sua cagnolina di color dorato, facevano qualcosa che nessun umano adulto aveva fatto ieri: raccoglievano la plastica dalla spiaggia.**

La bimba era così piccola che il suo cappello da mare le copriva quasi tutta la faccina. La bella cagnolina le portava gli oggetti di plastica e lei li metteva in un secchio rosso. All'arrivo del suo papà, la bimba gli mostrò orgogliosa il secchio pieno di plastica. Lui l'abbracciò, le diede un bacio sulla fronte e la prese per mano. Prima di andarsene il papà si fermò per un attimo davanti a una grossa rete abbandonata sulla sabbia. Guardò la cagnolina che scodinzolava e poi guardò sua figlia sorridente: raccolsero la rete e la portarono via assieme a tutta la plastica raccolta dalle due cucciole.

Rimasi ipnotizzato e speranzoso dalla bellissima scena alla quale avevo appena assistito. Una bimba e una cagnolina. **Quelle due non solo avevano pulito un po' la spiaggia, ma avevano anche insegnato a un essere grande, al loro papà, a non lasciare rifiuti abbandonati in spiaggia.**

La bimba e la cagnolina! Per il loro mondo, due piccoli esserini come me!

Allora non era vero quello che aveva detto Fiocco! Nemmeno quello che pensava Tuga era vero! **Allora anche noi piccoli esseri possiamo risolvere grandi problemi, possiamo cambiare il mondo!**

Grazie bimba, grazie cagnolina. Grazie per aver fatto ritornare la speranza nel mio cuore. **Con le vostre semplici ma importanti azioni mi avete insegnato che essere piccino non è un impedimento per cambiare il mondo.**

Pelucco

Il vento cominciò ad agitare i miei capelli. Le onde del mare cominciarono a cantare. Sentii come se Mamma Natura stesse cercando di dirmi qualcosa. Lo sentivo dentro me, sentivo che quei pezzettini del mio cuore che si erano rotti una volta scoperta la triste verità sulle microplastiche, si stavano ricomponendo.

E non solo! **Il mio cuore si accinse a riempirsi di due sentimenti: gioia e determinazione. Gioia per la mia nuova scoperta, esseri piccini che cambiano il mondo. Determinazione perché Mamma Natura col suo canto mi aveva assegnato una nuova missione!** Non sarò più un Pelucco che protegge i bimbi dal freddo. E non sarò nemmeno una fibra microplastica che danneggia il mare. **D'ora in poi sarò un Pelucco che combatte i rifiuti marini, le plastiche e le microplastiche nel mare, per proteggere l'oceano dalla contaminazione marina!**

Grazie mamma Natura, accetto volentieri la mia nuova missione, non ti deluderò! **Combatterò questo problema anche se sono piccino, perché dentro di me porto la stessa forza e l'amore per la** natura della bimba e del cagnolino.

Il vento soffiava ogni volta più forte, e le onde diventavano sempre più intense. Cominciai a nuotare di nuovo verso la spiaggia dove mi attendeva la mia nuova missione. Ma dopo qualche bracciata, senza alcun preavviso, accadde il miracolo.

Un'onda mi afferrò e mi trascinò con sé verso la spiaggia, lanciandomi in aria assieme a tante goccioline d'acqua e a schiuma marina.[18] Il vento fece il resto. Non atterrai di nuovo in acqua, la brezza marina mi spinse fino alla spiaggia.

Ce l'avevo fatta!

Ero uscito dal mare e arrivato in spiaggia. Volando.

MICROPLASTICHE OVUNQUE

delle Dott.ssa Erika Cedillo González, PhD e Dott.ssa Chiara Canovi

Le microplastiche sono dappertutto. La prima volta che gli esseri umani si sono accorti della loro esistenza, le hanno trovate che galleggiavano in mare. Poi, è stato scoperto che gli animali marini come il plankton, i pesci, i molluschi, i mammiferi marini e gli uccelli marini mangiano le microplastiche perché le confondono con il loro cibo abituale.

Ma non finisce qui! Le microplastiche sono state trovate in molti altri posti.

Dai prati verdi, dove le microplastiche convivono con gli animali da fattoria, con le piante e i lombrichi, fino all'aria che respiriamo. Questi pezzettini di plastica sono stati anche trovati in luoghi lontani dalla civiltà, come il monte Everest, i ghiacciai e si pensa perfino nello spazio. Muovendosi di qua e di là, questi inquinanti sono inevitabilmente arrivati all'essere umano.

In che modo le microplastiche sono diventate onnipresenti? La risposta è facile! A causa nostra.

L'utilizzo esagerato di plastica monouso e lo smaltimento sbagliato di rifiuti plastici hanno permesso alle microplastiche di conquistare il mondo.

La buona notizia è che possiamo fare sempre qualcosa! I consigli di Pelucco per combattere la contaminazione da plastica e microplastiche li trovi nell'Epilogo e nella scheda 'Operazione pulizia.

CAPITOLO 10
Puliamo la spiaggia

Wow! Mamma Natura mica scherza! Quando decide di assegnare una missione a qualcuno, lo mette subito alla prova!

Che volo! Ancora oggi non lo credo quando ci penso!

Arrivai alla spiaggia nella maniera più inaspettata possibile, volando assieme a tutte quelle goccioline d'acqua! Fu un'esperienza veramente bella, ma chi l'avrebbe mai immaginato? Di certo non io, non mi sarei mai figurato che un giorno avrei potuto volare come quei maestosi uccelli che regnano nel cielo.

Il vento che agitava ancora i miei capelli e la musica delle onde che suonava la sua melodia, mi fecero ricordare la mia nuova missione: Mamma Natura mi stava nuovamente parlando. Adesso che ero arrivato in spiaggia dovevo combattere i rifiuti di plastica per proteggere l'oceano dalla contaminazione marina. E dovevo cominciare subito! Ma... da dove potevo cominciare a pulire la spiaggia? Dovevo farmi venire in mente qualche idea per poter portare via tutti questi residui di plastica.

Pensai a Luca, a quando doveva risolvere uno dei suoi quesiti di matematica. La prima cosa che faceva era esaminarlo bene. Avevo visto anche zia Sofia fare lo stesso. **Prima di risolvere qualsiasi problema anche lei esaminava bene la situazione.** Quindi decisi che il primo passo da compiere era fare una lunga passeggiata. In quella maniera avrei potuto esaminare la spiaggia per farmi venire in mente alcune idee su come portar via tutto quel pattume

Il viaggio della microplastica

plasticoso.

Camminai per ore e ore. E mentre camminavo, **le enormi dimensioni di quei residui mi fecero ricordare quanto siamo piccolissime noi microplastiche.** Ma non mi abbattei, ero un piccolo essere ma con un grande potere! Un pelucco determinato a cambiare le cose, proprio come la bimba e la cagnolina che avevo visto in mattinata.

Continuando la mia passeggiata incontrai tutti i tipi di residui plastici: **le bottiglie per bevande e detergenti che mi fecero ricordare Bolle di Sapone; i pezzi di reti da pesca come quella dove si era intrappolata Tuga,** quell'imponente animale marino; i puzzolenti mozziconi di sigarette che mi riportarono alla mente la fabbrica tessile dove avevo visto persone fumare sigarette e buttarne per terra i mozziconi. Camminai e camminai ancora e **trovai cannucce, bicchieri e ciabatte di plastica.** Alzando un po' lo sguardo e cercando di vedere l'orizzonte, riuscii a identificare dei **tubetti di dentifricio o di sapone liquido come quello abitato da Perla.** Trovai anche diversi tipi di confezioni per alimenti come **la busta di patatine dov'era nato Fiocco.**

Inoltre, in mezzo a tutti quei prodotti di plastica ormai convertiti in residui, scovai anche altri oggetti ormai irriconoscibili dalla loro lunga permanenza in mare.

Che disastro! Con quella visione mi sentii come WALL•E, il simpatico personaggio della Pixar che nel lontano 2805 viveva nel pianeta Terra pieno di residui. Al pari di quel robottino anch'io ero immerso in quel gigantesco territorio pieno di residui.

Arrivato il pomeriggio, decisi di riposarmi un po'. Dopotutto, anche se il sole splendeva ancora alto nel cielo, era dalla mattina presto che nuotavo, volavo e camminavo. Considerando che quest'ultima cosa non era per niente facile da fare tra tutti quei residui, mi sembrò più che giusto stendermi per terra per fare un riposino. Chiusi gli occhi pensando a quella stessa spiaggia, ma pulita.

Intento a fare il mio riposino, tornò di nuovo il buio: che strano, non sapevo che nella spiaggia durava così poco la luce. Mi accorsi che la luce cambiava, prima c'era e poi non c'era. Ora era chiaro, non era calata la notte, era l'effetto di un'ombra e ciò significava che qualcuno si sta muovendo vicino o sopra di me. Balzai in piedi cercando di avvicinarmi: **era un essere molto grande di colore verde oliva, non sapevo cos'era.** Appena lo raggiunsi, lo chiamai: «Ehi, amico, mi vedi? Sono quaggiù!».

Doveva avermi sentito perché tornò un poco indietro anche se camminava in modo strano: i suoi occhi rimanevano quasi fissi e lui non si girava, camminava altresì buffamente di lato.

Provai allora a urlare, essendo molto piccolo forse non mi aveva visto: «Ehi amico, ciao!!! Sono qua!».

Si fermò proprio davanti a me e confermai la mia prima impressione: un personaggio peculiare. Come dicevo prima, era di color verde oliva e **al posto delle manine aveva due grosse e forti tenagliette.**

«Hola pequeñito, ¿cómo estás?» mi rispose in un linguaggio incomprensibile. Quando quel personaggio notò la mia confusione parlò di nuovo, ma stavolta in un linguaggio conosciuto. «Ciao piccoletto, come stai? Che fai qui, ti sei perso?» mi domandò.

«Ciao! No, non mi sono perso, sono arrivato volando». Sentita la parola "volando", il grande essere verde oliva mi guardò incredulo. Anch'io avrei guardato così le mie amiche microplastiche se me l'avessero raccontato qualche giorno fa. **«Sono qui per pulire la spiaggia, per salvare il mare dai rifiuti marini. Mi chiamo Pelucco e sono una microplastica!»** gli risposi orgoglioso della mia nuova missione.

«Ciao Pelucco, sono contento che tu sia qui per pulire la spiaggia. **Guarda che disastro! Non si può nemmeno camminare! Ho fatto molta fatica ad arrivare fin qui!»**

«Si ti capisco e per me è stato ancor più difficile, guarda come sono piccolo! Ma tu come ti chiami? E perché prima hai detto tutte quelle parole strane?».

«Non ho un nome, sono solo un granchio, un granchio azzurro, un animale marino che vive qui. Prima ti ho parlato in una lingua chiamata spagnolo, quella usata dai miei antenati. Sai, **la mia famiglia viene dal Messico, un posto molto lontano da qui**».

«Wow, che interessante! Io non conosco il Messico. Ascolta, ti posso chiamare Tenaglio?»

«Nessuno mi aveva mai dato un nome, ma mi piace, è un nome buffo» mi disse Tenaglio ridendo. «Senti, se vuoi pulire la spiaggia è meglio che prima guardi tutti i tipi di oggetti che devi rimuovere. Adesso ci troviamo nella parte più pulita, ma se vai più in là, vedrai che schifezza».

«Cosaaaa??? Quest'orribile paesaggio è la parte più pulita? Mamma mia, allora la situazione è più grave di quella che avevo immaginato. Tenaglio, mi daresti un passaggio per vedere la spiaggia?»

«Ma certo! Dai, salta su Pelucco che ti porto a fare un giro! Anzi, t'aiuterò anch'io a pulire la spiaggia!».

Non ci pensai due volte: un passaggio e un aiutante. **Non avrei potuto essere più fortunato.** Stavo per saltare dentro alla tenaglietta quando il mio nuovo amico si spaventò e la ritrasse.

«Ehi, che succede?» gli domandai.

Tutto agitato prese a correre via dicendomi: «Scusa Pelucco, ma devo scappare. Stanno arrivando gli umani e ho paura che mi vedano e mi prendano. Quand'ero piccolo e incosciente, con i miei amici facevamo la gara di slalom in mezzo alla folla, ma adesso che sono più grande devo stare più attento. Devo nascondermi da qualche parte, ma se hai pazienza, molta pazienza, più tardi torno a prenderti!».

Pelucco

«Va bene Tenaglio, t'aspetto qui, non dimenticare di venirmi a prendere! Dobbiamo pulire la spiaggia!».

Guardando in giro vidi effettivamente che stavano arrivando alcune persone con degli strani oggetti con i quali cominciano a raccogliere i rifiuti di plastica.

Che meraviglia!

Una scena bellissima!

Degli umani stavano pulendo la spiaggia!

C'erano sempre più alleati in questa mia nuova missione di proteggere l'oceano!

Bene ragazzi, voi pensate agli oggetti grandi, io intanto penso a quelli più piccoli. Insieme finiremo in un lampo!

Mentre gli umani sgombravano la spiaggia, mi misi d'impegno per fare la mia parte. Trovai un tappo, sicuramente proveniente da un tubetto di dentifricio, e lo usai come contenitore per raccogliere i piccoli pezzettini di residui.

A un certo punto, mentre ero concentrato nel dissotterrare un grande pezzo di cannuccia dalla sabbia (che fatica!), mi ritrovai nuovamente a volare, ma invece che andare in avanti come avevo fatto col vento, stavo andando indietro!

Prima di capire cosa stesse succedendo **caddi insieme a tanta sabbia, al mio contenitore con i residui che avevo raccolto e a tanti altri pezzi di plastica più grandi di me, sopra a una superficie di metallo.** Mi stavo appena riprendendo da quell'imprevisto quando la superficie di metallo s'inclinò similmente a uno di quei scivoli in cui giocava Luca. **Scivolai verso il basso assieme alla sabbia e alla plastica verso una specie di stranissimo scolapasta di metallo, il quale non fermò la mia caduta perché, essendo io una piccola fibra, passai attraverso le sue strane trame quadrate.** Poi caddi nuovamente sopra un'altra superficie metallica, **ma stavolta condivisi il mio destino solo con la sabbia e i residui più piccoli.** Mentre lo strano scolapasta si allontanava, vidi che i grandi pezzi di plastica erano stati trattenuti dalle sue trame.

«Sei contento che siamo riusciti a uscire dal mare e adesso andremo a fare delle ricerche scientifiche?».

Conoscevo quella voce. Mi girai e riconobbi una delle mie care amiche. «Perla, che piacere rivederti! Come sei finita qui?» le chiesi abbracciandola.

«Uguale a te immagino. **La tormenta mi ha portato in spiaggia. Tuttavia ero intrappolata sotto la sabbia**[16] e non sono riuscita a uscire finché gli umani non mi hanno aiutato con le loro palette e la loro strana rete di metallo».

«Intendi lo scolapasta?» le risposi. «E perché dici che andremo a fare delle ricerche scientifiche?».

«Perché ho sentito gli umani parlare mentre erano vicino al luogo dove mi trovavo intrappolata. Hanno detto che **oggi si svolge un evento di pulizia della spiaggia**, un *"Beach Clean Up"* e che ci sono presenti anche degli scienziati che faranno ricerche scientifiche sulle microplastiche, proprio come immaginava Tuga».

Guardai verso l'alto mentre pensavo com'era difficile la vita di una microplastica. Eri sempre alla mercé delle correnti, del vento e delle azioni degli umani. Se volevo ancora compiere la missione di pulire la spiaggia e proteggere il mare dalla plastica, dovevo valutare se mi conveniva di più andare via con gli scienziati, oppure rimanere nella spiaggia.

Stavo riflettendo sul da farsi, **quando Bolle di Sapone cadde letteralmente dal cielo.** No, mi correggo, cadde dallo scolapasta.

«Pelucco! Perla! Che piacere rivedervi!» disse emozionata e con lacrime agli occhi.

L'abbracciammo felici d'averla ritrovata. Ero tanto contento che anch'io feci due lacrimucce.

«... e poi con tutte queste plastiche e microplastiche cosa facciamo?» sentii dire qualcuno con voce di bambino.

L'emozione di ritrovare le mie amiche mi stava giocando brutti scherzi. Avrei giurato di aver sentito la voce del mio amico Luca, il bimbo che proteggevo dal freddo.

«Gli oggetti di plastica di grandi dimensioni li mettiamo nei sacchi e li portiamo via con noi: la maggior parte andranno nel riciclo e serviranno per produrre altri oggetti, una piccola parte, ma solo questa volta, avrà un altro destino, sarà un testimone».

Adesso addirittura mi sembrava anche di sentire la voce di zia Sofia, la scienziata.

Era vero? Zia Sofia e Luca a un evento per la pulizia della spiaggia?

Quando finalmente mi decisi a girarmi per guardarli in faccia non potei credere ai miei occhi... dovetti aprire e chiudere gli occhi più e più volte per assicurarmi che tutto ciò non fosse un sogno! **Era tutto vero: il quadrifoglio mi aveva veramente portato fortuna e avevo ritrovato i miei cari! Erano loro, erano lì!**

Luca e zia Sofia assieme ad altri bambini. Tutti indossavano la stessa maglietta, una maglietta bianca col logo del canale YouTube di zia Sofia: "La Scienza per Gaia".

«Amiche, amiche, guardate, quello è Luca, il mio amico bambino! E quella è zia Sofia!» dissi alle ragazze concitato. Mentre tutti e tre guardavamo stupiti le persone che ci trovavamo davanti, loro continuarono a parlare.

«Testimone di cosa?» domandò una bambina.

«**Testimone della problematica della presen-**

za della plastica e delle microplastiche nel mare. Sapete bimbi, qualche giorno fa ho contattato un artista locale che si occupa anche di divulgazione e sensibilizzazione riguardo alla problematica della plastica nei mari e negli oceani e mi ha detto che sta allestendo una mostra sulla plastica. Sapendo che avevo organizzato questa giornata, mi ha chiesto la cortesia di mettergli da parte qualche campione di vario tipo e grandezza per la sua mostra».

«Wow, quindi noi collaboreremo alla riuscita di questa mostra?» disse Luca eccitato nell'apprendere quell'informazione.

«Ma certo! **Tutti possiamo aiutare a risolvere questo problema**, per questo siamo qui! Anzi, possiamo già cominciare a **selezionare delle microplastiche che abbiamo raccolto con l'aiuto del nostro setaccio.** Fatemi vedere quello che abbiamo finora».

Wow, zia Sofia è davvero brava, pensai. Ha già insegnato a Luca e agli altri bambini la problematica della plastica e delle microplastiche nel mare. Ma... aspetta un momento! Una mostra... ci sarà tanta gente! Se finisco nella mostra potrò aiutare a pulire non solo questa spiaggia, ma tante altre! Sarebbe la situazione ideale per me: insegnare agli umani, grandi e piccoli, i problemi derivati della contaminazione marina da plastiche e microplastiche! Insieme potremmo cambiare il mondo!

«Ragazze, dividiamoci il lavoro. Voi andate a fare le ricerche scientifiche!» dissi alle mie amiche mentre cominciai a camminare verso la zona della superficie metallica dove zia Sofia stava raccogliendo altre microplastiche. Perla e Bolle di Sapone mi guardarono stupite senza capire di cosa stavo parlando. «In questa maniera potrete davvero aiutare a salvare il mare. **Facendo ricerca su di voi, gli scienziati capiranno che noi microplastiche non dobbiamo essere nel mare o nell'ambiente. Io invece andrò alla mostra per raccontare la nostra storia**».

«Dai Perla, andiamo a insegnare agli umani quanto valiamo ancora» disse Bolle di Sapone. «Mi piace la tua idea, Pelucco!».

«Si anche a me» rispose Perla. «Ma tu Pelucco... come farai a finire alla mostra?».

«Mi farò scegliere da zia Sofia. Lei è una tipa in

gamba e saprà che una fibra di poliestere come me è una microplastica. Auguratemi buona fortuna, amiche».

«Buona fortuna Pelucco!» mi gridarono le mie amiche salutandomi con le loro manine.

Quando arrivai sotto gli occhi di zia Sofia agitai le braccia gridando: «Eccomi qui zia! Prendimi e portami dal tuo amico artista, voglio andare alla mostra, ho tanto da insegnare!».

Non so come avesse fatto a sentirmi, ma zia Sofia mi indicò. Con una piccola pinzetta mi prese, mi poggiò su una superficie di vetro con uno sfondo bianco e mi fece una foto col suo telefonino.

La fece vedere a tutti i bimbi dicendo: «Ecco bimbi! **Questo è un esemplare di una fibra che potrebbe essere una microplastica.** Vi spiego il perché. Primo. **Questa fibra è molto piccina, ha una lunghezza inferiore a 5 mm.** Per fare un facile confronto, questa fibra è più piccola della gomma di una delle vostre matite. Per questo motivo, **ho dovuto fare una foto col mio microscopio da telefonino, per poter misurare la sua lunghezza** e anche per farvela vedere. Secondo. **Per poter dire**

che questa fibra è una microplastica, si dovrebbe analizzarla in un laboratorio per capire se è fatta di plastica. Ma dato che in questa zona trovo spesso delle fibre di poliestere, per me è molto probabile che anche questa piccola fibra di colore rosso sia fatta anch'essa di poliestere. **Quindi, per la sua forma, dimensione e molto probabile composizione (plastica), possiamo dire che questo è un bell'esemplare di fibra microplastica.** Adesso la terremo da parte per il nostro amico artista e la sua mostra».

«Le possiamo dare un nome?» domandò Luca.

«Ma certo, mi sembra una bellissima idea. Scegliamo un nome e diciamolo al nostro artista. Allora bimbi, come volete chiamare la nostra fibra microplastica testimone?».

«Filino? Sembra uno di quei filini dei brodini che mi prepara la nonna» disse un bimbo.

«No, meglio lombrico, sembra uno dei lombrichi del giardino di casa mia» ribatté una bimba.

«Cosa ne pensate di Pelucco? I miei genitori chiamano così quei pallini che si staccano dai vestiti» propose la bimba più grande.

Il viaggio della microplastica

«Pelucco mi sembra il nome più adatto. Infatti **sospetto che il nostro piccolo amico rosso si sia staccato da qualche indumento durante un lavaggio in lavatrice, perché questa è una delle maniere più comuni in cui si generano questi tipi di microplastiche.** [1-4] Cosa ne pensate bimbi, lo chiamiamo Pelucco?» disse infine zia Sofia rivolta a tutti i bambini.

«Siiiiii!» dissero tutti i bimbi all'unisono.

Dopo il mio battesimo, curiosamente con lo stesso nome che avevo già prima, zia Sofia mi mise dentro un barattolino di vetro, scrisse con un pennarello qualcosa nel tappo e mi sistemò dentro al suo zaino.

Evviva! Caro artista incaricato della mostra sulla plastica nel mare, sto arrivando! Aspettami!

Dentro lo zaino di zia Sofia era tutto buio. Anche se non vedevo niente, la sentivo ancora parlare ai bimbi sulla contaminazione del mare da plastiche e microplastiche.

Mi sembrò di capire che, **ogni volta che i bambini raccoglievano qualche residuo di plastica, lei gli spiegava come quel prodotto aveva avuto una** sua utilità per gli umani prima di essere gettato. Parlò di come **noi plastiche e microplastiche siamo materiali buoni quando siamo fuori dal mare, quando le nostre missioni sono ben precise.** Spiegò anche che i contenitori di plastica proteggono gli alimenti e che gli imballaggi di plastica essendo molto più leggeri rispetto ad altri materiali, riducono il peso dei prodotti e conseguentemente fanno risparmiare combustibile durante il trasporto. Poi la sentii illustrare con tanta pazienza come **l'errato smaltimento di tutti quei prodotti di plastica li aveva trasformati in residui finiti poi nel mare, dove facevano del male al suo ambiente e alle sue creature.** Finì la spiegazione con un concetto semplice ma fondamentale e cioè ricordando ai bambini che **tante persone, insieme agli scienziati come lei, stavano cercando ogni giorno nuove idee per convertire i vari residui plastici in qualcosa di utile**, attraverso per esempio il riciclaggio oppure come materiale iniziale per creare nuovi prodotti per la società.

Ero orgoglioso della zia. Con lei avevo imparato

tante cose ed **ero sicuro che tutti quei bambini sarebbero tornati a casa con tante informazioni utili da condividere con genitori, nonni e amici.** Se anche quelle persone avessero fatto un piccolo sforzo parlando dei residui plastici nel mare e della loro pericolosità, questo grande problema sarebbe stato risolto in breve tempo.

Verso la fine dell'evento, sentii Luca domandare a qualcuno: «Cosa farete con le microplastiche raccolte oggi?».

«Le porteremo nei nostri laboratori per studiarle. **Le informazioni che ci forniranno ci serviranno per capire quali sono i percorsi che questi piccoli pezzettini di plastica percorrono per arrivare al mare e, di conseguenza, per pensare strategie atte a evitarlo.**

Perla e Bolle di Sapone erano sicuramente tra le microplastiche di cui stavano parlando e adesso stavano andando via verso la loro nuova missione. Dal profondo del mio cuore augurai alle mie care amiche buona fortuna. Mi chiesi se anche Fiocco fosse stato portato sulla spiaggia dalla tormenta, ma dovetti rassegnarmi a non conoscerne la risposta.

Pelucco

Quando cominciammo il viaggio in macchina (riconobbi il rumore del motore anche se ero dentro lo zaino), approfittai per riposarmi. Era stata una lunga giornata che, anche se piena d'avventure e piacevoli sorprese, mi aveva stancato parecchio. Il dondolio della macchina e il gradevole pensiero di conoscere l'artista di cui aveva parlato zia Sofia mi fece addormentare velocemente.

CAPITOLO 11
Arturarte

Una luce accecante, pungente, mi colpì gli occhi, svegliandomi. Ero confuso e impiegai del tempo per capire dove mi trovavo. Lo compresi solo dopo aver pensato alla giornata appena trascorsa. Era tutto vero, ero dentro un barattolo, quello di vetro di zia Sofia... che non era più dentro al suo zaino. Adesso, con la luce, potei osservare bene il recipiente dove la zia mi aveva sistemato. Era un barattolo trasparente e liscio, chiuso con un coperchio bianco metallico. Dall'interno riuscivo a leggere una parola che però sembrava non aver senso: "ananaB". Chissà cosa significava.

Dopo l'esame del barattolo, cominciai a studiare il posto dove mi trovavo. **Era un luogo bizzarro pieno di oggetti sparpagliati, disegni, matite colorate, rotoli di carta e sacchi di vario genere.** C'erano veramente un sacco di oggetti! Tutti molto diversi tra loro, appoggiati per terra o riposti in maniera piuttosto disordinata sopra ad alcune scaffalature. Al centro della stanza c'era un grande tavolo e alle pareti erano appese delle scritte, tra cui una che diceva "Arturarte" e svariati disegni incomprensibili, strani e buffi.

Quando vidi che **c'erano anche alcune delle buste dove erano stati selezionati gli oggetti di plastica raccolti nell'evento del giorno precedente**, confermai che mi trovavo nella casa o laboratorio dell'artista, l'amico di zia Sofia che doveva allestire la mostra sulla plastica. **Ce l'avevo fatta! Ero stato selezionato per la mostra!**

Il luogo sembrava tranquillo e silenzioso, e anche

se ero un gran chiacchierone la situazione non mi dispiaceva affatto: un po' di pace e di tranquillità dopo le mille avventure che avevo vissuto, erano gradite.

Come non detto! Arrivarono suoni alle mie piccole orecchie e, seppur ovattati, riuscii a distinguere una voce che si avvicinava. Appena entrò capii che doveva essere lui il proprietario di quel luogo, un ragazzo di età simile alla mamma di Luca, un personaggio con una bella voce e un viso felice. Insomma, un tipo simpatico e sorridente, davvero un bel tipo...quasi come me! Ho detto quasi!

Avevo sentito la sua voce, ma non stava parlando da solo, era in comunicazione con qualcuno. Teneva il telefono rivolto verso il viso, stava discorrendo con una ragazza... dovevo ascoltare e capire se parlavano di me.

«Si Arturo, il nome l'hanno scelto proprio i bimbi. Per loro è importante, quindi speravo tu lo potessi usare nella tua mostra» - disse la voce al telefono.

«Certo, nessun problema! Anzi, devo proprio ringraziarvi! Mi avete evitato il problema di inventare un nome per la nostra fibra microplastica. **Ci vediamo alla mostra la prossima settimana.** Verrà inaugurata venerdì e durerà due settimane, **per la commemorazione della Giornata mondiale dell'acqua del 22 Marzo**» rispose Arturo.

«Non me la perderei per nulla al mondo. Anche mio nipote è molto emozionato, pensa che ha già detto a tutti i suoi amici di scuola che ti ha aiutato ad allestire la mostra!» replicò la voce al telefono mentre rideva di gusto.

«In effetti è vero! Grazie davvero Sofia, ci vediamo alla mostra, ciao!».

Allora era la zia al telefono. E l'artista si chiama Arturo. Bello il nome del mio nuovo amico.

Senza rendermi conto di ciò che stava succedendo attorno a me, mi ritrovai a volare nella stanza e in un batter d'occhio vidi che il coperchio stava per essere svitato. **Mi ritrovai faccia a faccia con Arturo che sorridente mi guardò e poi mi prese con una pinzetta.** Ero davvero piccolo rispetto a lui, tanto che per osservarmi meglio ripose il barattolo e prese una lente d'ingrandimento. Sorrideva ancora, doveva essere contento nell'avermi visto. Poi mi ripose nel barattolo, senza chiuderlo, e prese a par-

Il viaggio della microplastica

larmi spiegandomi il suo progetto. Non so se fosse cosciente o meno di ciò che stava facendo, ma l'ascoltai volentieri e attentamente: ero proprio curioso di sapere cos'aveva in mente.

«Vedi caro Pelucco questo è ciò che ho preparato per te. Nella mostra che sto allestendo sulle plastiche e microplastiche tu sarai il mio pezzo forte, il pezzo principale di questa esposizione». Girando il barattolo verso una parete mi mostrò lo schizzo del progetto. «Questo grande cartellone colorato è la simulazione di un mare dove si possono vedere alcuni dei suoi abitanti. Ci sono tante scritte che servono per spiegare la tua possibile origine, il tuo viaggio fino al mare e il tuo futuro, quello di testimonial per la campagna di sensibilizzazione riguardo alla problematica legata alle plastiche e microplastiche nei mari. Come vedi, in una parte speciale di questo cartellone, c'è un cerchio. **Quello sarà il tuo posto. Ti sistemerò lì sopra un podio e con un microfono e davanti a te installerò una lente d'ingrandimento per permettere al pubblico della mostra di vederti meglio e di capire come sei fatto**».

Fu molto illuminante quel discorso. Capii che da

quel posto speciale che il mio nuovo amico Arturo aveva preparato per me, avrei potuto compiere senza problemi la mia nuova missione, quella che Mamma Natura mi aveva assegnato. Sarei diventato un testimonial e un divulgatore scientifico e avrei raccontato a tutti la mia pazzesca avventura e tutto quello che avevo imparato. Evviva! Con l'aiuto dell'opera di Arturo, potrò finalmente proteggere il mare dalle plastiche e da noi microplastiche.

«Cosa ne pensi, caro Pelucco? Sei pronto a vivere una nuova vita nel cartellone?» mi domandò Arturo sorridente.

«Sono nato pronto!» gli risposi.

CAPITOLO 12
La mostra sulla plastica

Il venerdì di cui aveva tanto parlato Arturo era arrivato in un lampo. Adesso ero lì, nel mio cartellone, appeso in una delle pareti più importanti della mostra ad aspettare il mio turno per risplendere. Ero nervoso ma fiducioso che avrei compiuto la mia missione senza intoppi. **Mi ero preparato un piccolo discorso che avevo ripassato durante la settimana appena trascorsa.**

Arturo venne da me e sistemò il mio cartellone per l'ultima volta, quella definitiva prima dell'apertura della mostra. L'avevo visto fare lo stesso con ogni singola opera d'arte che aveva realizzato, voleva che la sua mostra fosse perfetta. Era contento e orgoglioso, anche se un tantino nervoso come me.

«Ciao Pelucco, stiamo per aprire le porte della galleria» mi disse emozionato mentre mi guardava sorridente attraverso la lente di ingrandimento. «Ricordati che **devi aiutarmi a convincere grandi e piccoli che le microplastiche nel mare sono un argomento serio e che dobbiamo fare tutto il possibile per evitare che continuino ad arrivarci**. Buona fortuna amico mio, siamo nelle tue mani». Detto questo si allontanò dirigendosi verso l'entrata della galleria.

«Cinquantasette, cinquantotto, cinquantanove, sessanta: sette di sera. Si comincia!» sentii dire alla gentile signorina incaricata della mostra, la stessa che era venuta svariate volte al laboratorio di Arturo per organizzare l'evento.

All'apertura vidi entrare nella galleria tantissime persone e di tutte le età: bambini, ragazzi, adulti ed anziani. Sembrava che tutta l'Italia fosse venuta a

Il viaggio della microplastica

vedere la mostra di Arturo. C'erano anche Luca e i suoi genitori. E poco dopo scorsi anche zia Sofia e nonna Anna. Erano tutti emozionati nel vedere le opere del mio amico, un grande artista con una nobile causa. Molte delle sue opere non avevano bisogno di spiegazioni, perché **lui riusciva a illustrare in maniera semplice gli impatti ambientali della contaminazione plastica del mare.**

Quando un folto gruppo di persone si fermò di fronte al mio cartellone e iniziò a guardarlo con interesse, Arturo si avvicinò alla sua opera centrale e mi presentò.

«**Questo cartellone è dedicato alle microplastiche.** È la simulazione di un mare dove si possono vedere alcuni suoi abitanti. Ci sono tante scritte che servono per spiegare la possibile origine delle microplastiche. **Potete anche vedere il viaggio di queste microplastiche fino al mare e le conseguenze della loro presenza nell'acqua.** Se vi avvicinate a questa zona, all'interno di questo cerchio c'è una vera fibra microplastica recuperata da una spiaggia dai miei cari amici Luca e Sofia. Per veder-

Pelucco

la potete aiutarvi con la lente d'ingrandimento perché è veramente piccola. **Il nostro amico si chiama Pelucco e ha tanto da raccontarvi riguardo la contaminazione del mare da plastiche e microplastiche.** Dai Pelucco, adesso tocca a te!» disse Arturo facendomi l'occhiolino mentre mostrava ai bimbi come usare la lente d'ingrandimento. Il mio momento di gloria era finalmente arrivato.

«Ciao amici! Il mio nome è Pelucco e faccio parte di un gruppo di materiali molto particolari, le microplastiche» dissi sorridendo al mio pubblico.

«**Noi microplastiche siamo pezzi di plastica molto piccini.** Gli scienziati dicono che possiamo essere piccoli come la gomma di una matita o addirittura ancora più piccoli, tanto quanto la punta della matita stessa. **Possiamo nascere in due modi: dalle fabbriche produttrici di plastica e con dimensioni prestabilite, o dalla frammentazione di oggetti di plastica più grandi, come borse o bottiglie.** Abbiamo diverse forme: alcune microplastiche sono fibre come me, altre sono sfere, altre film, e altre ancora frammenti rigidi e spigolosi. **Ci** sono anche pezzettini di plastica ancor più piccoli di me, chiamati nanoplastiche» dissi al mio pubblico facendo tutte le pantomime possibili per illustrare quegli argomenti e seguendo la tradizione culturale della gesticolazione tanto usata dagli italiani.

«**Se materiali come il legno e i metalli hanno delle missioni, noi plastiche e microplastiche non siamo da meno. Siamo nate per dare il nostro contributo alla società odierna rendendo più facili e confortevoli le vostre vite**» dissi orgoglioso.

«Tuttavia, abbiamo un problema» dissi scrutando il mio pubblico che sembrava preoccupato e incuriosito. «**Se non veniamo smaltite in maniera corretta quando terminiamo le nostre missioni, possiamo finire disperse nell'ambiente raggiungendo spesso il mare.** Quasi tutte le microplastiche che entrano nel mare rimangono lì, anche per anni, galleggiando sulla superficie o intrappolate nel fondo marino. E questo non va per niente bene, cari amici. **La simbiosi mare e microplastiche non funziona**».

«Ma dai, non lo sapevo» sentii commentare qualcuno.

«Perché noi microplastiche, anche se molto colorate e simpatiche alla vista (feci un sorriso e un occhiolino) facciamo molto male al mare. **Noi microplastiche contaminiamo il mare.** Un giorno una mia cara amica mi disse che la maniera più semplice di capire la contaminazione del mare è pensare a tutti quegli oggetti che oggi sono presenti nel mare, ma che naturalmente, non dovrebbero essere lì» dissi ricordando il giorno in cui conobbi Tuga. «**Piccoline come siamo veniamo confuse con cibo e mangiate da molti animali marini, piccoli e grandi.** Non preoccupatevi per noi, a noi non succede niente. Ma quelle povere creature non vanno altrettanto bene. Anche se non vogliamo far del male, lo facciamo provocando loro mal di pancia, fame e tanti altri problemi di salute. **Rubiamo loro la vita**».

«Oh, no!» sentii dire da qualche bambino con una nota di tristezza.

«Ed è per questo cari amici, che oggi ho quest'importante messaggio da darvi: **il destino di qualsiasi oggetto di plastica, grande come una bottiglia**

di detergente oppure piccolo come me è nelle vostre mani. È in vostro potere scegliere dove finirà la plastica se nel mare o nel bidone della raccolta differenziata. **Tutti voi, mediante la condivisione di queste informazioni e l'attuazione di piccole e semplici azioni quotidiane illustrate nel cartellone accanto a me, potrete evitare che la plastica continui ad arrivare al mare**» dissi mentre segnalavo nel cartellone i consigli che Arturo e zia Sofia avevano preparato per la mostra.

«Facendo così, un giorno non molto lontano, potremo guardare gli occhi di tutte quelle creature marine e con il cuore in mano, potremmo dir loro che non dovranno mai più preoccuparsi perché noi avremo pulito la loro casa e salvato le loro vite. **Perché noi, cari amici, avremo salvato il loro mare, avremo salvato il nostro mare.** Grazie!».

Clap, clap, clap. Giusto quando finì il mio discorso, tutti applaudirono e annuirono, ma mi chiedevo come avevano fatto a sentire il mio discorso. Sapevo che le persone non potevano sentirmi. Mentre cercavo di risolvere il mistero, vidi avvicinarsi due grandi occhi di color marrone scuro, quasi nero: era una piccola bimba di circa nove anni con carnagione dorata e lunghi capelli castani e lisci.

«Ciao Pelucco, so che tu sei troppo piccolo per riuscire a far sentire la tua voce, ma il tuo amico Arturo ci ha illustrato tutto quello che avevi da dire» mi disse mentre mi guardava sorridente.

"Ah, ecco risolto il mistero. Sono stato aiutato da Arturo".

«Io non sapevo niente di tutto questo, ma adesso che lo so me lo ricorderò per sempre. **Ogni volta che userò un oggetto di plastica ricorderò quello che ci hai insegnato.** E non ti preoccupare, non permetterò che altre plastiche arrivino al mare. **Ogni giorno ti aiuterò a salvare il mare**» mi promise sorridente.

«Nina, dobbiamo tornare a casa dolcezza!» disse la donna dietro di lei. La bimba si girò per guardarla. **«Dobbiamo fare un piano familiare per ridurre lo spreco di plastica a casa, come mi hai appena suggerito»**.

«Caro Pelucco, devo andare, ciao, ti voglio bene!» mi salutò mandando un bacio e poi se ne andò mano nella mano con la sua mamma.

Wow! Che esperienza meravigliosa! **Sono riuscito a trasmettere a tutti il mio discorso! E le cose stanno già cambiando. Chi non sapeva di questa problematica adesso lo sa. E meglio ancora, se ne sta già occupando!**

«Lo vedi Mamma Natura?» dissi chiudendo gli occhi. «Sto compiendo la missione che mi hai assegnato. **Io, Pelucco, la fibra microplastica, sto aiutando grandi e piccoli a salvare il mare**».

Grazie Mamma Natura!
Grazie amici per il vostro impegno!

Puoi aiutare anche tu!
da Sofia, la scienziata del mare

RIDUCI il consumo di plastica monouso

RIUSA i prodotti di plastica che hai già in casa

RICICLA in maniera corretta

Fai la **RACCOLTA DIFFERENZIATA** in maniera corretta

Chiedi ai tuoi genitori di usare il più possibile vestiti fabbricati con **TESSUTI NATURALI**

Chiedi ai tuoi genitori se è possibile acquistare un **DISPOSITIVO** per catturare le microplastiche durante i lavaggi in lavatrice

Se però hai dei tessuti sintetici già in casa, usali, **MA CON CURA**

Elabora un **PIANO** per ridurre il consumo e lo spreco di qualsiasi tipo di plastica in casa

CONDIVIDI le informazioni sulla problematica dell'inquinamento da plastica nel mare!

Ricorda sempre che ogni nostra azione ha **CONSEGUENZE SULL'AMBIENTE**

EPILOGO
Puoi aiutare anche tu

Il cartellone appeso accanto a quello di Pelucco nella mostra sulla contaminazione del mare da plastiche e microplastiche, elencava dieci semplici azioni quotidiane che grandi e piccoli possono fare per salvare il mare.

Vuoi conoscerle e farle anche tu? Eccole qui:

1. Riduci il consumo di plastica monouso. Per esempio, per fare degli acquisti con mamma e papà, chiedigli di usare delle buste di tessuto oppure di plastica resistente riutilizzabili che durino anni e anni senza rompersi. Oppure, se bevi spesso acqua quando sei fuori casa, compra una bottiglia riutilizzabile. E ancora, se nella tua famiglia si usano prodotti cosmetici come saponi esfolianti, chiedi ai tuoi genitori di guardare l'etichetta per verificare che non contengano microplastiche come Perla.

2. Riusa i prodotti di plastica che hai già in casa. Per esempio, se hai una bottiglia di plastica in casa, puoi adattarla e riutilizzarla come innaffiatoio per le piante. Si trovano tanti tutorial per fare questo sul web, o su piattaforme come YouTube. Stai attento/a però nel verificare che la bottiglia sia libera da residui e che non abbia contenuto sostanze pericolose che possano danneggiare te e/o le tue piante.

3. Ricicla in maniera corretta. Puoi chiedere ai tuoi maestri oppure ai tuoi genitori di spiegarti le regole per il riciclaggio non solo della plastica, ma di tutti quei materiali che sono riciclabili.

Il viaggio della microplastica

4. Fai la raccolta differenziata in maniera corretta. La plastica che finisce nell'indifferenziata, per errore potrebbe finire nell'ambiente dove può generare microplastiche come Fiocco o Bolle di Sapone.

5. Chiedi ai tuoi genitori di usare il più possibile vestiti fabbricati con tessuti naturali. Come illustrato nel viaggio di Pelucco, i vestiti fabbricati con fibre sintetiche rilasciano fibre microplastiche a ogni lavaggio.

6. Se però hai dei tessuti sintetici già in casa non ti preoccupare, usali, ma con un po' più di cura. Per esempio, **studi scientifici hanno trovato che i cicli di lavaggio possono influenzare il rilascio di fibre microplastiche come Pelucco. L'uso di cariche complete in lavatrice, detergenti liquidi (invece di detergenti in polvere), ammorbidenti e valori di temperature e tempi di lavaggio più bassi possono aiutare a ridurre le quantità di fibre microplastiche rilasciate ad ogni ciclo.**[19] Condividi questa informazione con mamma e papà e con qualsiasi altra persona che conosci e che deve

fare una lavatrice dei suoi tessuti sintetici!

7. Chiedi ai tuoi genitori se è possibile acquistare un dispositivo speciale per catturare microplastiche durante il lavaggio in lavatrice. Ce ne sono alcuni disponibili in commercio, ma sono ancora poche le aziende produttrici, quindi non ti preoccupare se in famiglia non riuscite ad acquistare uno di questi dispositivi. Ogni azione, anche se piccola, è un passo avanti per salvare il mare. Per questo motivo ricorda sempre che in questa lista ci sono tanti consigli, l'importante è cominciare a seguirne alcuni.

8. Ricorda sempre che ognuna delle nostre azioni ha una conseguenza sull'ambiente. Dipende da noi se una busta vuota di patatine finisce nella raccolta differenziata o finisce nel mare. I prodotti di plastica dove sono nati Fiocco e Bolle di Sapone sono finiti nella spiaggia a causa del loro scorretto smaltimento. Adesso sai che queste due microplastiche sono nate perché la busta di patatine e la bottiglia di detersivo sono state tanto tempo nella spiaggia, a contatto con il sole, l'acqua e la sabbia. Questi elementi indeboliscono la plastica e le frammentano generando svariate microplastiche simili a Fiocco e Bolle di Sapone.

9. Elabora insieme alla tua famiglia **un piano per ridurre il consumo e lo spreco di qualsiasi tipo di plastica** in casa, come quello che Nina ha suggerito alla sua mamma. Puoi proporre un piano simile a scuola. **Meno plastica in giro significa meno probabilità di plastica dispersa per sbaglio nell'ambiente o nel mare**, dove può far male a animali come Tuga o Tenaglio.

10. **Condividi con tutti quelli che conosci l'informazione sulla problematica della presenza di plastiche e microplastiche nel mare:** genitori, amici, nonni, zii, maestri e qualunque altra persona tu frequenti! Più persone conosco e condividono corrette informazioni su questa tematica, più persone potranno contribuire a risolvere questo problema!

BONUS: **Diventa un bambino/a STEAM!** STEAM è un acronimo in inglese di Science, Technology, Engineering, Arts & Mathematics (Scienza, Tecnologia, Ingegneria, Arti e Matematiche). **Le persone che studiano o lavorano in una di queste discipline, possono contribuire molto alla lotta alla contaminazione marina da plastiche e microplastiche.** Lo possono fare conducendo ricerche scientifiche sugli effetti delle microplastiche nel mare (scienza) [16], sviluppando nuovi metodi per catturare le microplastiche prima del loro arrivo al mare (tecnologia) [20], disegnando nuovi tessuti che rilasciano meno fibre (ingegneria) [21], allestendo mostre d'arte sulla contaminazione marina (arte) [22] o costruendo equazioni matematiche che descrivono il viaggio delle microplastiche nell'ambiente (matematica) [23]. Come vedi, non ci sono limiti quando si tratta di lottare contro la contaminazione del mare! Se vuoi diventare un/a bambino/a STEAM, chiedi ai tuoi insegnanti a scuola come puoi fare.

OPERAZIONE PULIZIA

della Dott.ssa Erika Cedillo González, PhD

La contaminazione da microplastiche è un problema per l'ambiente, per le persone e per l'economia. Pensa a una spiaggia contaminata da microplastiche. Queste danneggiano la salute degli animali, delle piante e delle persone che ci abitano.

Ma non solo! Gli alimenti ottenuti da questo ecosistema saranno contaminati, di conseguenza la loro vendita sarà vietata e questo impatterà negativamente l'economia delle famiglie che dipendono dal mare.

Per evitare che ciò accada, dobbiamo trovare soluzioni olistiche per combattere questo problema.

Ogni soluzione deve però considerare la complessità della contaminazione da microplastiche: una volta arrivate da qualche parte, le microplastiche non rimangono lì, ma vengono trasportate dall'acqua alla terra o dall'acqua all'aria, proprio com'è successo a Pelucco durante il suo viaggio.
Le discipline STEAM possono guidarti ad analizzare le soluzioni proposte, e aiutarti a decidere se queste sono adatte o no alla complessità della contaminazione da microplastiche.
Per esempio, le pulizie di spiagge (*Beach Clean Up*) aiutano a eliminare le microplastiche dalla sabbia, ma bisogna smaltirle correttamente per evitare la loro re-introduzione accidentale nell'aria o nell'acqua.
Puoi usare lo stesso ragionamento per trovare altre soluzioni olistiche alla contaminazione da microplastiche.

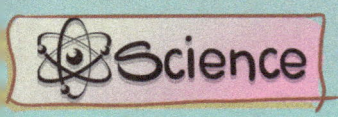

GLOSSARIO

ABBIGLIAMENTO FAST-FASHION
Con *Fast Fashion* si intende un settore dell'abbigliamento che realizza abiti di bassa qualità a prezzi super ridotti e che lancia nuove collezioni continuamente e in tempi brevissimi, (sì, stiamo parlando delle grandi catene che si trovano ormai in ogni città e in qualsiasi centro commerciale).

AGENTI CHIMICI (o Sostanze chimiche)
Gli *agenti chimici* o *sostanze chimiche* sono sostanze che sono costituite da elementi chimici e che possono avere proprietà specifiche. Queste sostanze possono essere presenti in natura o possono essere prodotte attraverso processi chimici. Alcuni esempi comuni di agenti chimici includono l'acqua, il sale da cucina, l'ossigeno, l'anidride carbonica e il ferro.

BATTERI

I *batteri* sono organismi microscopici chiamati anche "microbi" che appartengono al regno dei procarioti. Sono esseri viventi unicellulari, il che significa che sono composti da una singola cellula. I batteri sono presenti ovunque intorno a noi, in diverse forme, dimensioni e tipi. Possono essere sia benefici che dannosi per gli esseri umani. Alcuni batteri sono fondamentali per la nostra salute e vivono all'interno del nostro corpo, aiutandoci a digerire il cibo o a proteggerci da agenti patogeni. Altri batteri, tuttavia, possono causare malattie se entrano nel nostro corpo e si moltiplicano in modo eccessivo.

COLLEMBOLI

I *collemboli* sono piccoli insetti che si trovano comunemente in vari ambienti terrestri come foreste, prati, giardini e persino all'interno delle abitazioni. La loro presenza è un segno di un ambiente sano e funzionante. I collemboli sono generalmente di dimensioni molto piccole, di solito meno di 6 millimetri di lunghezza, e possono essere di diverse forme e colori. I collemboli svolgono un ruolo importante negli ecosistemi poiché partecipano al ciclo dei nutrienti e contribuiscono alla decomposizione della materia organica.

CONTAMINAZIONE

La *contaminazione* si riferisce alla presenza indesiderata di sostanze o materiali estranei in un ambiente, un oggetto o un'altra sostanza. Questi materiali estranei possono essere potenzialmente dannosi o indesiderati. Nell'ambiente, la contaminazione può essere causata da sostanze chimiche tossiche o inquinanti che vengono rilasciate nell'aria, nell'acqua o nel suolo. Questo può danneggiare la fauna, la flora e gli ecosistemi circostanti.

FANGHI ATTIVI (DELL'IMPIANTO DI DEPURAZIONE DI ACQUE REFLUE)

I *fanghi attivi* sono una miscela densa e fangosa che si forma durante il processo di depurazione delle acque reflue. Contengono batteri e altri microrganismi che decompongono la materia organica presente nelle acque sporche. I fanghi attivi trattati possono essere utilizzati in vari modi. Possono essere utilizzati come fertilizzanti o compost per l'agricoltura, poiché contengono nutrienti che possono essere benefici per le piante. In alternativa, possono essere inceneriti per produrre energia o smaltiti in modo sicuro secondo le norme ambientali.

IMPERMEABILE

L'aggettivo *impermeabile* si riferisce a qualcosa che non lascia passare l'acqua o è resistente all'acqua. Un oggetto o un materiale che è impermeabile non permette all'acqua di penetrare al suo interno. Ad esempio, una giacca o un mantello impermeabili, impediscono all'acqua di bagnarti quando piove.

IMPIANTO DI DEPURAZIONE DELLE ACQUE REFLUE

Un *impianto di depurazione delle acque reflue* è un sistema che viene utilizzato per pulire le acque sporche provenienti dalle nostre case, dalle industrie e da altre fonti prima che vengano restituite all'ambiente. Questo processo è molto importante perché aiuta a mantenere puliti i nostri fiumi, laghi e oceani e a prevenire l'inquinamento dell'acqua.

Ecco come funziona in generale un impianto di depurazione delle acque reflue:

1. Raccolta: Le acque reflue vengono raccolte attraverso una rete di tubazioni e condotte che le trasportano all'impianto di depurazione. Queste acque possono provenire dai lavandini, dalle docce, dai bagni e dai sistemi di scarico delle fabbriche.

2. Trattamento meccanico: Le acque reflue passano attraverso un processo di trattamento meccanico per rimuovere i solidi più grandi e i materiali galleggianti.

3. Trattamento biologico: Dopo il trattamento meccanico, le acque reflue passano attraverso un processo di trattamento biologico. Qui, vengono introdotti batteri speciali che si nutrono degli agenti inquinanti presenti nelle acque reflue. Questi batteri decompongono gli inquinanti organici, come i residui di cibo o il sapone, trasformandoli in sostanze meno dannose.

4. Trattamento chimico: In alcuni casi, potrebbe essere necessario un trattamento chimico aggiuntivo per rimuovere altre sostanze inquinanti che non possono essere eliminate solo con il trattamento biologico. Questo può includere l'aggiunta di prodotti chimici che aiutano a precipitare e separare gli inquinanti.

5. Filtraggio e disinfezione finale: Dopo il trattamento biologico e chimico, le acque reflue passano attraverso un processo di filtraggio per rimuovere eventuali particelle rimaste. Successivamente, vengono utilizzati metodi di disinfezione, come l'aggiunta di cloro o altri disinfettanti, per uccidere eventuali batteri o organismi nocivi rimanenti.

6. Scarico o riutilizzo: Una volta completato il processo di depurazione, le acque reflue trattate possono essere restituite all'ambiente, come fiumi o oceani, in modo sicuro, riducendo al minimo l'impatto sull'ecosistema. In alcuni casi, l'acqua trattata può anche essere riutilizzata per scopi non potabili, come l'irrigazione o l'uso industriale, se sottoposta a ulteriori trattamenti.

MATERIALE SINTETICO

Un *materiale sintetico* è un materiale non naturale, ovvero, che non si trova nella natura e che è stato creato dall'essere umano. I materiali sintetici sono creati attraverso processi chimici o industriali utilizzando sostanze chimiche derivanti dal petrolio o da altre fonti. Sono ampiamente utilizzati in molti settori, come l'industria automobilistica, l'abbigliamento, l'elettronica, l'edilizia e l'imballaggio. Un esempio di materiale sintetico è la plastica.

MICROPLASTICHE

Le *microplastiche* sono dei pezzi di plastica di dimensioni tra 1 micrometro (simbolo μm) e 5 mm (per avere una idea concreta di quanto è lungo un micrometro, basta pensare al diametro di un capello, il quale è, in media 70 μm). Si classificano in primarie e secondarie. Le microplastiche primarie sono plastiche fabbricate in quelle piccole dimensioni per specifiche applicazioni (per esempio, per applicazioni in cosmetici o in farmaci), mentre che le microplastiche secondarie provengono dalla frammentazione di oggetti di plastica di grandi dimensioni (buste, bottiglie, contenitori di plastica, ecc.).

MICRORGANISMI

I *microrganismi* sono organismi molto piccoli che

non possiamo vedere a occhio nudo. Sono talmente piccoli che è necessario utilizzare un microscopio per poterli osservare. Ci sono diversi tipi di microrganismi, inclusi i batteri, i virus, i funghi microscopici e i protozoi. Ogni tipo di microrganismo ha caratteristiche e funzioni diverse. I microrganismi sono presenti in molti ambienti, come il suolo, l'acqua, l'aria e anche all'interno del nostro corpo. Svolgono un ruolo importante negli ecosistemi, nel ciclo dei nutrienti e nell'equilibrio ecologico. Alcuni microrganismi sono utilizzati anche in ambito industriale per produrre alimenti fermentati, farmaci e prodotti chimici.

NANOPLASTICHE
Le *nanoplastiche* sono dei pezzi di plastica di dimensioni ancora più piccole delle microplastiche, ovvero pezzettini di plastica con dimensioni inferiori a 1 micrometro.

OSSIGENO
L'*ossigeno* è un elemento chimico che si trova nell'aria che respiriamo, rappresentato dal simbolo "O"

nella tavola periodica degli elementi. È un gas incolore, inodore e insapore.

L'ossigeno è essenziale per la vita sulla Terra. Gli organismi viventi, inclusi gli esseri umani, hanno bisogno di ossigeno per poter sopravvivere. Quando respiriamo, inaliamo l'ossigeno presente nell'aria e lo utilizziamo all'interno del nostro corpo per sostenere importanti processi biologici.

Una delle funzioni principali dell'ossigeno è quella di sostenere la respirazione cellulare. Questo processo avviene all'interno delle cellule del nostro corpo e consente di ottenere energia dai nutrienti che mangiamo.

Inoltre, l'ossigeno è coinvolto in numerosi processi chimici e biologici all'interno degli ecosistemi terrestri e marini. Ad esempio, l'ossigeno dissolto nell'acqua è vitale per la sopravvivenza delle piante e degli animali acquatici.

PERMEABILE

La parola *permeabile* indica la facilità con cui una sostanza permette il passaggio di altre sostanze attraverso di essa. Se un materiale è permeabile, lascia che liquidi o gas lo attraversino. Se invece è impermeabile, impedisce il passaggio di queste sostanze. In sintesi, la permeabilità riguarda la capacità di un materiale di essere penetrato da altre sostanze.

PET

PET è l'acronimo di *Polietilentereftalato*. Si tratta di un tipo di plastica che viene utilizzata comunemente per fare bottiglie di bevande e contenitori di plastica. È molto popolare nell'industria delle bevande perché mantiene bene la freschezza e la qualità delle bevande al suo interno. Inoltre, il PET è anche riciclabile, il che significa che può essere raccolto e trasformato in nuovi prodotti dopo l'uso. Tuttavia, è importante tenere presente che il suo smaltimento improprio può contribuire all'inquinamento ambientale.

PETROLIO

Il *petrolio* è una sostanza naturale formata da un miscuglio naturale di idrocarburi che deriva dalla trasformazione di residui organici accumulatisi, in epoche geologiche remote, entro profonde sacche racchiuse tra strati rocciosi impermeabili; allo stato greggio è un liquido oleoso, infiammabile, di colore nero. Viene raffinato in raffinerie per separare i diversi componenti che lo compongono. I principali prodotti derivati dal petrolio includono benzina, diesel, gasolio per riscaldamento, lubrificanti, carburanti per aerei e materiali per la produzione di plastica, gomma sintetica e prodotti chimici.

PLASTICA

La *plastica* è un materiale sintetico che si ottiene da reazioni di polimerizzazione di prodotti derivati dal petrolio. La polimerizzazione è una reazione per cui più molecole di uno stesso composto (chiamato monomero) si uniscono per formare una molecola più grande (chiamata polimero). La plastica è un materiale malleabile e può quindi essere facilmente modellata per creare oggetti diversi. Ci sono tanti tipi di plastica diversi, ognuno con le sue caratteristiche speciali. Alcuni sono molto forti e resistenti, come la plastica usata per fare i caschi per le bici, mentre altri tipi di plastica sono più flessibili, come quelli usati per fare le buste del supermercato. Dovuto alle sue eccellenti proprietà, la plastica è un materiale che ha aiutato l'umanità a raggiungere lo stile di vita attuale (per esempio, grazie alla plastica ora abbiamo automobili più leggere che contengono componenti di plastica e non solo pesanti componenti metallici; grazie ad essa abbiamo materiale medico necessario per mantenerci in salute). Ironicamente, la proprietà che ha donato alla plastica la sua versatilità in diverse applicazioni, e cioè la sua eccellente durabilità, ora sta causando problemi. In parole semplici, la durabilità della plastica è dovuta alla caratteristica che questo materiale possiede di non essere biodegradabile, perciò la natura non può degradare la plastica come fa con la carta o il legno. Questo significa che la plastica può durare per molto tempo e questo può causare gravi problemi ambientali come quelli illustrati dal viaggio di Pelucco se i residui plastici non sono smaltiti in maniera corretta e finiscono nell'ambiente.

POLIESTERE

Il *poliestere* è un tipo di plastica che viene utilizzata in molti prodotti che usiamo quotidianamente.

Una delle applicazioni più comuni del poliestere è nell'abbigliamento, dove molti tessuti sono realizzati con fili o fibre di poliestere. Questi tessuti sono popolari perché sono facili da curare, resistenti alle pieghe e asciugano rapidamente.

POLIETIELENE

Il *polietilene* è una delle plastiche più comuni e versatili presenti in molte applicazioni quotidiane. Il polietilene è indicato con l'acronimo PE; è leggero, resistente, flessibile e può essere facilmente modellato in vari oggetti e forme. Ha una buona resistenza agli agenti chimici e all'umidità, rendendolo adatto per l'imballaggio di cibi, bevande e prodotti chimici. Il polietilene è facilmente riciclabile. Può essere fuso e trasformato in nuovi prodotti plastici, riducendo così l'impatto ambientale. Come per il PET, lo smaltimento in modo improprio del polipropilene può contribuire all'inquinamento ambientale.

POLIPROPILENE

Il *polipropilene* è materiale plastico resistente, flessibile e leggero indicato con l'acronimo PP. È noto per la sua capacità di resistere a temperature elevate, al calore e a molti prodotti chimici. Puoi trovare il polipropilene in molti oggetti, come contenitori per alimenti, tappi di bottiglia, imballaggi, giocattoli o attrezzature mediche. Il polipropilene è facilmente riciclabile. Può essere fuso e trasformato in nuovi prodotti plastici, riducendo così l'impatto ambientale. Come per il PET, lo smaltimento in modo improprio del polipropilene può contribuire all'inquinamento ambientale.

SEDIMENTAZIONE

La *sedimentazione* è un processo in cui particelle solide sospese in un liquido o in un gas si depositano gradualmente sul fondo o su una superficie solida. Durante la sedimentazione, le particelle più pesanti tendono a cadere verso il basso a causa della forza di gravità.

SISTEMI ACQUATICI

Sistemi acquatici è un termine generale che si riferisce a tutte le aree in cui l'acqua gioca un ruolo fondamentale. Si tratta di ambienti naturali come oceani, mari, laghi, fiumi, paludi e stagni. I sistemi acquatici sono caratterizzati dalla presenza di acqua e sono abitati da una vasta gamma di organismi viventi, inclusi pesci, piante acquatiche, alghe, invertebrati e molte altre forme di vita. Questi habitat acquatici forniscono un'ampia varietà di risorse per gli esseri viventi, come cibo, acqua potabile e luoghi di riproduzione. Inoltre, i sistemi acquatici svolgono un ruolo cruciale nel mantenimento dell'equilibrio ecologico del nostro pianeta. Essi influenzano il clima, producono ossigeno, assorbono anidride carbonica e forniscono una serie di servizi ecosistemici essenziali per la vita sulla Terra. Tuttavia, i sistemi acquatici sono anche vulnerabili agli impatti dell'inquinamento, dei cambiamenti climatici, della pesca eccessiva e di altre attività umane.

TERMOREGOLABILE

L'aggettivo *termoregolabile* si riferisce a qualcosa che è in grado di regolare o controllare la temperatura in modo automatico o adattabile. Un materiale o un oggetto termoregolabile può reagire al calore o al freddo per adattarsi e mantenere una temperatura desiderata. Ad esempio, alcuni tessuti termoregolabili possono fornire calore quando fa freddo e dissipare il calore in eccesso quando fa caldo, mantenendo una temperatura confortevole sulla pelle.

TRASPIRANTE

L'aggettivo *traspirante* si riferisce a qualcosa che permette al vapore o all'aria di passare attraverso di esso. È usato spesso per descrivere materiali o tessuti che consentono alla pelle di respirare, evitando la sensazione di calore o umidità.

BIBLIOGRAFIA

Tutte le avventure vissute da Pelucco durante il suo viaggio, sono basate sulle scoperte scientifiche di tanti scienziati di tutto il mondo che, giorno dopo giorno, non solo studiano le microplastiche, ma sviluppano strategie per tenerle fuori dal mare e fuori dall'ambiente. Per onorare il loro contributo alla lotta alla contaminazione marina e alla vita di Pelucco, gli autori di questo libro vogliono ringraziarli per avergli fornito gli elementi per costruire questa storia.

[1] I.E. Napper, R.C. Thompson, **Release of synthetic microplastic plastic fibres from domestic washing machines: Effects of fabric type and washing conditions**, Marine Pollution Bulletin. 112 (2016) 39–45. https://doi.org/10.1016/j.marpolbul.2016.09.025.

[2] F. De Falco, E. Di Pace, M. Cocca, M. Avella, **The contribution of washing processes of synthetic clothes to microplastic pollution**, Sci Rep. 9 (2019) 6633. https://doi.org/10.1038/s41598-019-43023-x.

[3] M. Volgare, F. De Falco, R. Avolio, R. Castaldo, M.E. Errico, G. Gentile, V. Ambrogi, M. Cocca, **Washing load influences the microplastic release from polyester fabrics by affecting wettability and mechanical stress**, Sci Rep. 11 (2021) 19479. https://doi.org/10.1038/s41598-021-98836-6.

[4] M. Volgare, R. Castaldo, M.E. Errico, G. Gentile, R. Avolio, V. Ambrogi, M. Cocca, **"The effect of the detergent on microfibre release during the washing process of polyester textiles"** in: 2021 International Workshop on Metrology for the Sea; Learning to Measure Sea Health Parameters (MetroSea), 2021: pp. 444–448. https://doi.org/10.1109/MetroSea52177.2021.9611615.

[5] A.H. Hamidian, E.J. Ozumchelouei, F. Feizi, C.

Wu, Y. Zhang, M. Yang, **A review on the characteristics of microplastics in wastewater treatment plants: A source for toxic chemicals**, Journal of Cleaner Production. 295 (2021) 126480. https://doi.org/10.1016/j.jclepro.2021.126480.

[6] A. Šaravanja, T. Pušić, T. Dekanić, **Microplastics in Wastewater by Washing Polyester Fabrics**, Materials. 15 (2022) 2683. https://doi.org/10.3390/ma15072683.

[7] A. Cydzik-Kwiatkowska, N. Milojevic, P. Jachimowicz, **The fate of microplastic in sludge management systems**, Science of The Total Environment. 848 (2022) 157466. https://doi.org/10.1016/j.scitotenv.2022.157466.

[8] N. Oveisy, M. Rafiee, A. Rahmatpour, A.S. Nejad, M. Hashemi, A. Eslami, **Occurrence, identification, and discharge of microplastics from effluent and sludge of the largest WWTP in Iran—South of Tehran**, Water Environment Research. 94 (2022) e10765. https://doi.org/10.1002/wer.10765.

[9] A. Menéndez-Manjón, R. Martínez-Díez, D. Sol, A. Laca, A. Laca, A. Rancaño, M. Díaz, **Long-Term Occurrence and Fate of Microplastics in WWTPs: A Case Study in Southwest Europe**, Applied Sciences. 12 (2022) 2133. https://doi.org/10.3390/app12042133.

[10] R. Dris, J. Gasperi, V. Rocher, M. Saad, N. Renault, B. Tassin, R. Dris, J. Gasperi, V. Rocher, M. Saad, N. Renault, B. Tassin, **Microplastic contamination in an urban area: a case study in Greater Paris**, Environ. Chem. 12 (2015) 592–599. https://doi.org/10.1071/EN14167.

[11] R. Dris, J. Gasperi, M. Saad, C. Mirande, B. Tassin, **Synthetic fibers in atmospheric fallout: A source of microplastics in the environment?**, Marine Pollution Bulletin. 104 (2016) 290–293. https://doi.org/10.1016/j.marpolbul.2016.01.006.

[12] J. Gasperi, S.L. Wright, R. Dris, F. Collard, C. Mandin, M. Guerrouache, V. Langlois, F.J. Kelly, B. Tassin, **Microplastics in air: Are we breathing it**

in?, Current Opinion in Environmental Science & Health. 1 (2018) 1–5. https://doi.org/10.1016/j.coesh.2017.10.002.

[13] M. Beaurepaire, R. Dris, J. Gasperi, B. Tassin, **Microplastics in the atmospheric compartment: a comprehensive review on methods, results on their occurrence and determining factors**, Current Opinion in Food Science. 41 (2021) 159–168. https://doi.org/10.1016/j.cofs.2021.04.010.

[14] A.L. Andrady, **Microplastics in the marine environment**, Marine Pollution Bulletin. 62 (2011) 1596–1605. https://doi.org/10.1016/j.marpolbul.2011.05.030.

[15] I.E. Napper, A. Bakir, S.J. Rowland, R.C. Thompson, **Characterisation, quantity and sorptive properties of microplastics extracted from cosmetics**, Marine Pollution Bulletin. 99 (2015) 178–185. https://doi.org/10.1016/j.marpolbul.2015.07.029.

[16] S. Sharma, V. Sharma, S. Chatterjee, **Microplastics in the Mediterranean Sea: Sources, Pollution Intensity, Sea Health, and Regulatory Policies**, Frontiers in Marine Science. 8 (2021). https://www.frontiersin.org/articles/10.3389/fmars.2021.634934 (accessed November 22, 2022).

[17] J.P. Rodrigues, A.C. Duarte, J. Santos-Echeandía, T. Rocha-Santos, **Significance of interactions between microplastics and POPs in the marine environment: A critical overview**, TrAC Trends in Analytical Chemistry. 111 (2019) 252–260. https://doi.org/10.1016/j.trac.2018.11.038.

[18] Allen S, Allen D, Moss K, Le Roux G, Phoenix VR, Sonke JE, **Examination of the ocean as a source for atmospheric microplastics**, PLoS ONE (2020) 15(5): e0232746. https://doi.org/10.1371/journal.pone.0232746

[19] M. Cocca, **Rilevazione, monitoraggio e mitigazione del rilascio di microplastiche di natura fibrosa**, in: Workshop: La ricerca sull'inqui-

namento Da Microplastiche in Toscana, Pisa, Italia, 2022.

[20] M.C. Ariza-Tarazona, J.F. Villarreal-Chiu, J.M. Hernández-López, J. Rivera De la Rosa, V. Barbieri, C. Siligardi, **E.I. Cedillo-González, Microplastic pollution reduction by a carbon and nitrogen-doped TiO2: Effect of pH and temperature in the photocatalytic degradation process**, Journal of Hazardous Materials. 395 (2020) 122632. https://doi.org/10.1016/j.jhazmat.2020.122632.

[21] F. De Falco, G. Gentile, R. Avolio, M.E. Errico, E. Di Pace, V. Ambrogi, M. Avella, M. Cocca, **Pectin based finishing to mitigate the impact of microplastics released by polyamide fabrics**, Carbohydrate Polymers. 198 (2018) 175–180. https://doi.org/10.1016/j.carbpol.2018.06.062.

[22] H. Din, D. Bailey, **Our Plastic Ocean and Our Clean Ocean: A Popup Book and A Musical Play**, in: 7th International Marine Debris Conference, Busan, South Korea, 2022.

[23] M. Siegfried, A.A. Koelmans, E. Besseling, C. Kroeze, **Export of microplastics from land to sea. A modelling approach**, Water Research. 127 (2017) 249–257. https://doi.org/10.1016/j.watres.2017.10.011.

BIBLIOGRAFIA SCHEDE

Andriolo et al., Sci. Total Environ. 736 (2020) 139632.
Balestri, et al., Sci. Total Environ. 605-606 (2019) 755.
Balestri, et al., Ecol. Indicat. 102 (2019) 569.
Barbier et al., Ecol. Monogr. 81 (2011) 169e193.
Carson et al., Mar. Pollut. Bull. 62 (2011) 1708.
Cedillo-González, E.I., 2024, Chapter 16 in Microfobre Pollution from Textiles. CRC Press.
Cozzolino et al., Sci. Total Environ. 723 (2020) 138018.
Cunningham et al., Front. Mar. Sci. 9 (2022) 1056081.
Danyang et al., Environ. Sci. Technol. Lett. 9, 2 (2022) 120–126.

Sommer et al., Aerosol and Air Quality Research 18 (2018) 2014.
Gallitelli et al., Mar. Pollut. Bull. 173 (2021) 113029.
Goss et al., Mar. Pollut. Bull. 135 (2018) 1085.
Green et al., Environ. Sci. Technol. 49 (2015) 5380.
Huang et al., Environ. Pollut. 257 (2020) 113450.
Koelmans et al., Environ. Sci. Technol. 51 (2017) 11513.
Larkum et al., 2006. Seagrasses: Biology, Ecology and Conservation. Springer.
Nohara et al, Sci. Total Environ. 918 (2024) 170382.
Maun, M.A., 2009. The Biology of Coastal Sand Dunes. Oxford University Press, New York.
Menicagli et al., Environ. Pollut. 252 (2019) 188.
Menicagli et al., Environ. Pollut. 266 (2020) 115281.
Menicagli et al., Chemosphere 303 (2022) 135287.
Menicagli et al., Environ. Pollut. 316 (2023) 120738.
Poeta et al., Environ. Sci. Pollut. Res. 24 (2017) 11856.
Rota et al., Environments 9 (2022) 93.
Villanova-Solano et al., Sci. Total Environ. 873 (2023) 162276.
Xu et al., Sci. Technol. Lett. 2024, 11, 1 (2024) 16.

NOTE SUGLI AUTORI

Erika Cedillo González, Ph.D.

Laureata nel 2008 in Chimica Industriale in Messico, all'Universidad Autónoma de Nuevo León. Nel 2010 completa un Master in Chimica dei Materiali nella stessa Università, per poi fare un Dottorato di Ricerca in Scienze dei Materiali nel 2014 all'Università degli Studi di Modena e Reggio Emilia, in Italia.

Attualmente è collaboratrice di ricerca presso il Dipartimento di Ingegneria "Enzo Ferrari" della medesima Università.

Fin dal suo primo contatto con la ricerca scientifica, nel lontano 2007, l'autrice di *Pelucco, il viaggio della microplastica"* ha focalizzato la sua attività nello sviluppo di strategie per eliminare o riutilizzare diversi tipi di rifiuti presenti nell'ambiente.

La sua ricerca utilizza la scienza dei materiali per combattere la contaminazione marina da micro e nanoplastiche.

Google scholar: https://bit.ly/3WDGhZL
Scopus Author ID: 55812862500
ORCID ID:https://orcid.org/0000-0001-5041-1404
WOS Researcher ID: AAA-7627-2021

Sito web: erikacedillo.com

Paolo Oliani

Diplomato nel 1991 come tecnico di laboratorio chimico-microbiologico, nel 1995 viene assunto come responsabile di un laboratorio ceramico.

Nel 2016 si trasferisce a Monterrey (Messico) con la moglie, dove frequenta corsi manageriali, di pasticceria internazionale e di cucina messicana. Inizia a scrivere i suoi primi romanzi in quegli anni.

Nel 2018 termina il primo romanzo breve riguardante il tema dell'adozione canina, *"Miele, la mia vita in un biscotto"*, che pubblica in self publishing nel 2020.

Nel 2019 termina il primo romanzo lungo, un giallo ambientato in Messico, *"Ajkok, il custode"*, che pubblica in self publishing nel 2022.

Nel 2020 l'autore di *"Pelucco, il viaggio della microplastica"* torna a vivere con la famiglia in Italia dove inizia a collaborare con un giornalino locale per bambini e bambine per informarli sul tema dell'inquinamento da plastiche.

Nel 2025 pubblica un giallo ambientato tra Italia, USA e Giappone, dal nome *"Satoshi, morte a Capri"*.

Sito web: olianipaolo.com

RINGRAZIAMENTI

Gli autori ringraziano di cuore i bambini che, una mattina, hanno condiviso la loro profonda intuizione: "La plastica è cattiva perché uccide le tartarughe marine", dando il via alla creazione della storia di Pelucco. Le loro prospettive uniche e la loro genuina preoccupazione per l'ambiente non solo hanno dato forma alla nostra narrazione, ma ci hanno anche ispirato a dedicare i nostri sforzi alla salvaguardia del mare.

Desideriamo esprimere la nostra più profonda gratitudine al professor Richard Thompson dell'Università di Plymouth per il grande onore che ci ha reso scrivendo la prefazione del nostro libro. Il suo lavoro pionieristico, che ha introdotto il termine *microplastiche* nel mondo, è stato fondamentale per aumentare la consapevolezza globale su una delle sfide ambientali più urgenti del nostro tempo.

I contributi scientifici del professor Thompson, non solo hanno rivelato la presenza dilagante delle microplastiche, ma hanno anche aperto la strada a ricerche e azioni significative per un futuro più sostenibile. La sua dedizione alla scienza e il suo profondo impatto sull'umanità, ispirano tutti noi.

Grazie, professor Thompson, per il vostro prezioso lavoro e il vostro generoso sostegno, è un privilegio avere la vostra voce ed esperienza per presentare questo libro.

Esprimiamo inoltre un profondo apprezzamento agli scienziati che hanno redatto meticolosamente le schede tecniche sulla contaminazione da rifiuti plastici. I loro preziosi contributi, frutto della fusione di conoscenze scientifiche e scoperte di laboratorio, hanno fatto luce su aspetti cruciali del viaggio del Pelucco e di altre microplastiche dalla terra al mare e viceversa.

Dott.ssa Elisa Bergami, PhD
Dipartimento di Scienze della Vita,
Università degli Studi di Modena e Reggio Emilia, Italia
Le microplastiche volano

Prof.ssa Daniela Prevedelli
Dipartimento di Scienze della Vita,
Università degli Studi di Modena e Reggio Emilia, Italia
Le microplastiche volano

Dott.ssa Virginia Menicagli, PhD
Dipartimento di Biologia,
Università di Pisa, Italia
Plastica sulla spiaggia
Le praterie di piante marine

Dott.ssa Chiara Canovi
Dipartimento di Ingegneria "Enzo Ferrari",
Università degli Studi di Modena e Reggio Emilia, Italia
Microplastiche ovunque

INDICE

PROLOGO: Chi sono? — 13
CAPITOLO 1: La fabbrica tessile — 17
SCHEDA: La plastica non è cattiva — 34
CAPITOLO 2: Il negozio fast fashion — 37
CAPITOLO 3: Nonna Anna — 47
CAPITOLO 4: Il mio amico Luca — 59
CAPITOLO 5: Perché non sono più nel maglione? — 71
CAPITOLO 6: Il pelucco gigante strisciante — 85
SCHEDA: Le microplastiche volano — 96
CAPITOLO 7: Pelucco & co. — 99
SCHEDA: Plastica sulla spiaggia — 134
CAPITOLO 8: Un cuore che si restringe — 137
SCHEDA: Le praterie di piante marine — 162
CAPITOLO 9: Il miracolo — 165
SCHEDA: Microplastiche ovunque — 178
CAPITOLO 10: Puliamo la spiaggia — 181
CAPITOLO 11: Arturarte — 203
CAPITOLO 12: La mostra sulla plastica — 211

EPILOGO: Puoi aiutare anche tu! 221
SCHEDA: Operazione pulizia 228
GLOSSARIO 230
RIFERIMENTI BIBLIOGRAFICI 246
NOTE SUGLI AUTORI 255
RINGRAZIAMENTI 258
INDICE 262

www.ingramcontent.com/pod-product-compliance
Lightning Source LLC
Chambersburg PA
CBHW071352210526
45465CB00001B/66